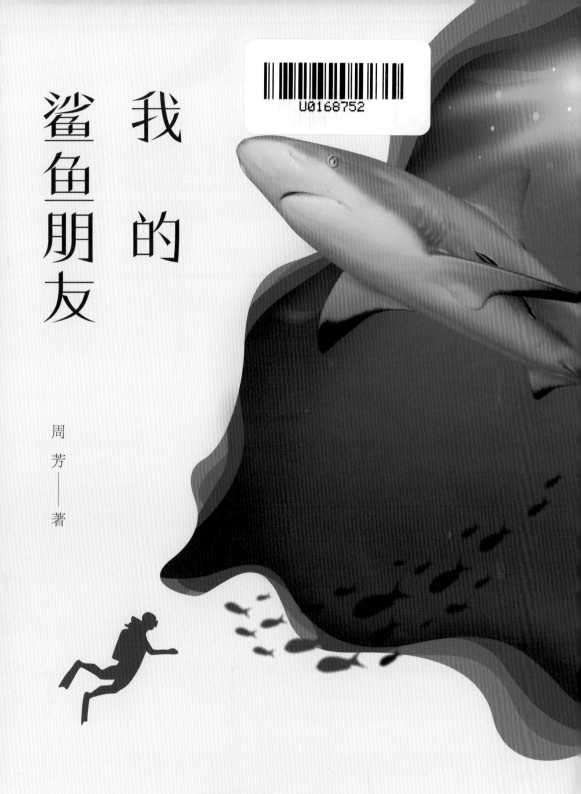

我的鲨鱼朋友

周芳——著

海洋出版社

2021 年 · 北京

图书在版编目（CIP）数据

我的鲨鱼朋友 / 周芳著. -- 北京：海洋出版社,2021.6
ISBN 978-7-5210-0785-5

Ⅰ.①我… Ⅱ.①周… Ⅲ.①鲨鱼 – 普及读物 Ⅳ.①Q959.41-49

中国版本图书馆CIP数据核字(2021)第127628号

《我的鲨鱼朋友》

策划编辑：高朝君
责任编辑：高朝君　薛菲菲
责任印制：安　淼

海洋出版社出版发行
http://www.oceanpress.com.cn
北京市海淀区大慧寺路8号　　邮编：100081
中煤（北京）印务有限公司印刷
2021年6月第1版　　2021年8月北京第1次印刷
开本：787 mm×1092 mm　1 / 16　印张：16
字数：246千字　定价：68.00元
发行部：010-62100090　邮购部：010-62100072　总编室：010-62100034
海洋版图书印、装错误可随时退换

序

不止一次，我被问到同样的问题——为什么喜欢鲨鱼？如果我说，它改变了我的人生轨迹和生活态度，这个理由，是否足矣？

缘起

从很早开始，我就让自己行走在世界各地，在各大洲、各大洋探索，把海洋的颜色、旅途的味道，加上自己独特的味蕾，用相机记录，用纸笔撰写有关人与自然的故事。我立志实现儿时的梦想——做一个带着头脑行走的笔者，岁月给了我一项行摄技能，世界又为我打开了海底的一扇门，这个梦想也就变得更加真实可行。我坚信，我终将会沉淀出一些东西。

2012年我进入海洋，鲨鱼成了我和海洋的纽带，让我在这个未知的世界里找到了探索的勇气。

2015年，我辞去都市光鲜的工作，开始专职记录海洋，成为一名在野外作业的自然纪录片工作者。和以前的个人爱好不同，记录海洋和鲨鱼题材成了我工作的主要部分。没有专业的教育背景和知识积累，三十多岁的我选择了从零开始。

鲨鱼给了我力量去追求自己喜爱的生活。

经历了从菜鸟开始的蜕变，我在全球水域记录了近四十种不同种类的鲨鱼，完成了十几部鲨鱼题材的海洋纪录片，在自我学习和实践中慢慢成长，这个过程是我一生中最充实、最幸福的阶段。

2016年，我与CC讲坛（创新传播讲坛）的创始人周博士和总编谈起自己，谈起那些让我心动的鲨鱼，他们眼神里释放出的渴望与现实社会中大部分远离鲨鱼的人们一样，当即，他们决定让我带上多年拍摄的鲨鱼影像，到讲坛现场分享一段我和鲨鱼的故事，演讲的题目定为"鲨鱼的真相"，和我当年执导的一部海洋纪录片同名。我欣然接受，认真地准备着鲨鱼的故事。就在讲坛对外发布预告的前几天，总编忽然通知我——改名！演讲的题目改为"追鲨鱼的女孩"，这让我有点无措，毕竟名字的变化，让故事的主人公来了一个大转变：从讲述鲨鱼，变为讲述镜头后面的我。虽然故事的种种连接难分彼此，但也让我思考了很久。经过多次准备和磨合，到现场直播的那一天，我才在这些年全球亲历鲨鱼的故事中，清晰地看到了自己的蜕变，从身体到思想、从爱好到事业、从自我追求到社会价值，我突然发现，这一段路途不仅是我记录了鲨鱼，更是鲨鱼成全了一个普通人的人生梦想，而我就这样被冠上了"追鲨鱼的女孩"称号。

演讲视频在腾讯上线后，一周的点击量接近3000万次。《今日女报》《TOP旅行》杂志对我做了专访报道，我也因此有幸入选湖南省2016年评选的十大"最美湘女"。"追鲨鱼的女孩"也成了我的代名词。

圆梦

2016年9月，北京国际潜水展邀请了阿莫斯·纳楚姆（Amos Nachoum）。这位62岁的野生动物摄影师曾经在以色列特种部队服役，做过战地记者。25年前，他开始潜游南极。人类仅有五人和北极熊同游，他就是其中一个。我看过他在红海用骆驼搬运气瓶的图片，看过他拍摄的雪豹、噬人鲨（俗称"大白鲨"）、蓝鲸等震撼的作品。他有自己的一份事业，叫"Big animals"（大型动物），专门记录拍摄大型极地动物。他的探险精神也感召了一批人追随他，近距离接触和记录大型生物。展会结束后，我饶有兴致地和他聊起了大白鲨的拍摄，他告诉我，二十多年来，他每年坚持和大白鲨同游，离开了保护人类的牢笼，自由地靠近海洋食物链顶层的这些大型海洋生物，从未发生过任何凶险。他也向我展示了电影中那些可怕的、张着血盆大口的画面背后的拍摄花絮。我当即和他约定，来年的10月在墨西哥瓜达卢佩亲自去拍摄和记录大白鲨，用我的亲身感受、视频和图文，揭示关于大白鲨的真相。这是我和阿莫斯的约定，更是我对梦想的郑重承诺。

2016年11月，美国潜水展期间，我参加了一个非政府组织的有关全球海洋生物保护的讲座。演讲开始前，主持人在人群中看到了唯一一个亚裔面孔，上来问我："Where are you from?"（你是哪个国家的？）我笑笑，说："I am from China!"（我来自中国。）他马上神秘地说："I have some information about China.You must be interested."（我有一些关于中国的消息，你一定感兴趣。）我坐在第一排，认真地听他分享全球统计的海洋生物保护的数据，直到他讲到今年统计的数据显示，全球鱼翅消费锐减，曾经最大的消费国家——中国，已经有90%的人拒绝食用鱼翅。我知道，这就是他想要告诉我的信息。虽然没有太多意外，但我忽然觉得很轻松，身体里透着一股子骄傲。讲座结束后，他认真地询问我的职业，得知我是一名水下纪录片工作者，正在拍摄和制作与海洋生态相关的纪录片时，他高兴得两眼放光，主动和我合影，告诉我："We know you did a lot, but, I hope you also know we need to do more!"（我知道你们做了很多，但我希望你知道我们需要做得更多！）我忽然觉得自己肩上又搭上了一只手臂，更加沉重，但同时，这只手臂也为我指明了清晰的方向，脚步也变得更加有力。

2017年1月31日，《鲨鱼海洋》纪录电影的摄影师和导演罗伯·斯图尔特（Rob Steward）在佛罗里达州伊斯拉莫拉达（Islamorada）岛附近海域永远地离开了我们，留下太多的叹息。他曾经用镜头告诉人类鲨鱼和海洋的知识，让无数人拒绝食用鱼翅。这位人类当之无愧的"鲨鱼庇护英雄"是我的偶像。然而，他就这样带着自己的梦想和我们无限的遗憾，留在了海洋。很多人留言"我们将继续他未竟的事业"，这让我感动，也让我多么庆幸自己在这条路上握着一个接力棒。我知道，海洋的保护，鲨鱼的保育，从一个圆心开始，长达半个世纪，已经辐射出了许多射线，它们带着一代又一代人，一片又一片不同的海域，不同种族的使命，在延续和传递着，我只是其中的一条射线，但值得欣喜的是，还有许多和我一样的人同样前进着，虽然我们不曾相识，但是，我们终究会在同一个终点相遇！我也会回到曾经的原点，那是我梦想开始的地方，也是我一次次新的征途的起点！

2017年开始，我继续潜行世界各地，在斯里兰卡记录鲨鱼捕杀交易，在墨西哥无人岛跟随捕杀鲨鱼的渔船出海，记录那些不为人知的经历，走访那些消费鲨鱼食材的餐馆，在巴哈马国零距离接触鼬鲨（俗称"虎鲨"），在墨西哥圆梦大白鲨，在南太平洋探望我的低鳍真鲨（俗称"公牛鲨"）朋友们，有险象环生的遭遇，有触目惊心的记忆，有震撼心灵的感受，这一切，都被我收录在记忆中，也随着指尖的流转，记录在这本书里。

期许

随着我对鲨鱼的了解，我同样也意识到鲨鱼所面临的危机。这个在地球存在了上亿年的生物，在近三十年里种类减少了1/3。地球的历史漫长而悠久，我们生活在一个没有动荡的地质年代。在这样的岁月静好里，我们要想目睹物种灭绝，机会应该非常罕见。因为根据物种灭绝速率，即通过查看具体动物类群的化石记录来计算得出的数据，例如我们熟悉的哺乳动物，在一千年的时间里也只会有一个物种灭绝。可是，这三十年，不仅是鲨鱼，哺乳动物、爬行动物、两栖类动物，甚至是昆虫，都已经在不断地从我们的地球上消失。

也许很多人并没有意识到，当鲨鱼和其他动物灭绝后，我们会失去什么？其实，无论是高智商的哺乳动物，还是渺小的蚂蚁，每个物种都在为我们解答如何才能在地球上生活。从这个角度看，每一个物种的基因组就是一本解答指南。当这个物种灭亡时，这份解答也随即消失。

虽然我们需要大自然，但大自然并不一定需要我们。为了生存，我们必须保护好大自然。因为，我们需要适量降雨来耕种农田，我们需要极地的冰雪来调节温度，我们需要森林和海洋来产生维持呼吸的氧气，我们甚至需要昆虫来传粉，以此收获美味的水果和蔬菜。

其实解决方案并不复杂，但也不简单：从自己做起，守护身边的物种栖息地。也许是门前流淌的小溪，也许是海边的一片红树林，也许是路边的草坪……这是地球的生命支持系统保持稳定的唯一方式。

书写完后我才发现，这是一本我和鲨鱼故事的书籍，其实也是我洞察和感知自然的一本书。但我希望，在这个充斥着名人、网红，热衷于对着智能手机微笑自拍的世界里，它是一本可以让我们静下来，及时警醒，拯救自己的书。

CONTENTS

目 录

低鳍真鲨（摄影师：钱博深）

第一章

再见
老朋友

1
再见 老友

2019年，在孤寂的水域开展了三年的拓荒之路后，我完成了全球首部中国水下纪录片《水下中国》的拍摄，9月29日，祖国70华诞来临之际，纪录片上线了，我的心头如释重负。然而，我对大海仍有依依，决定扛起背包，去看看那些让我找到生命真爱的老朋友们。它们生活在遥远的南太平洋——斐济。四年前，我离开的时候，就确定要再回来，回到这个改变我人生轨迹的地方。

感受着熟悉的海风，呼吸着南太平洋原始的气味，在斐济太平洋港，我回到同一个潜水中心，穿着同样的服装，搭乘同样的船只，只是换了不同的伙伴和心情。回想起2015年下水的一刻，被几十条低鳍真鲨和礁鲨近距离包围时，是无穷的澎湃和兴奋。而今天，取而代之的是内心的平静。这是我和老朋友的一次约会，四年不见，我想来打个招呼，问个好，如此而已。

再次潜入海底，遵循潜水指导员（以

上图
在潜店门口
下图
斐济群岛风光

下简称"潜导")的指示，和潜水员在水下一字排开，那些熟悉的身影开始向我游了过来，是的，那是我久违的朋友——鲨鱼！它们每年会巡游到这片熟悉的水域，被人类保护着，享受阳光与食物。

岁月流转，但依然静好。

2
斐济 鲨鱼礁 海洋保护区

生活在斐济维提岛的鲨鱼很幸运，在港口附近的贝卡海峡，是鲨鱼礁海洋保护区，也是斐济第一个鲨鱼保护区。斐济位于南太平洋，拥有332个岛，旅游消费占了当地七成的收入。所以，他们深刻地知道，如果要持续发展，就要保护自然环境、广阔的大海和迷人的生物。2004年，斐济政府颁布海洋法，成立鲨鱼保护区，禁止在全国范围内捕猎鲨鱼，国家航空公司也拒绝运送鱼翅。这个南太平洋岛国虽然经济发展落后，但在鲨鱼的保育和国民海洋教育上，却走在了世

斐济太平洋港保护区

在斐济太平洋港保护区的珊瑚礁中，栖息着七种不同的鲨鱼，包括乌翅真鲨、长尾光鳞鲨、钝吻真鲨、短吻柠檬鲨、灰三齿鲨、低鳍真鲨和鼬鲨。双髻鲨虽然不是固定居民，但作为过客偶尔会在近岸捕食。正是这些庞大的鲨鱼族群，吸引着全世界潜水爱好者来到这里，与它们互动，一睹鲨鱼的风采。

低鳍真鲨（摄影师：钱博深）

界的前列，为海洋生物多样性作出了不可或缺的贡献。

　　拥有这片珊瑚礁海域的是当地的两个村庄，它们和专业的潜水机构合作，建立了鲨鱼礁海洋保护区。对它们来说，建立保护区的短期目的是保护珊瑚礁，长远来看，是希望通过对这个区域的开发，使村里的当地人能够从保护珊瑚礁中获得更多的收入，而不是通过消耗海洋资源而获得收益。

为了这个共同的目标，两个村庄达成协议，停止在该地区捕鱼，开放这片水域作为观测鲨鱼的潜水区域，但是，作为回报，每个在这片水域潜水的人都要给当地提供少量的财政资助。当地潜水中心按月收取税款并存入村里的社区银行账户。村民相信，通过该项目，可以吸引全球大量的游客，使整个社区受益。而且，也能带动当地酒店、餐厅和旅游服务的发展。

鲨鱼基金会捐赠了一艘小船给管理员，方便

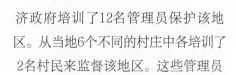

为了防止在保护区非法捕鱼，斐济政府培训了12名管理员保护该地区。从当地6个不同的村庄中各培训了2名村民来监督该地区。这些管理员隶属于斐济渔业部，并被授予制止非法捕鱼的权力。

楠迪太平洋港海景

他们在鲨鱼礁海洋保护区巡逻，24小时随时待命。他们在这片海域扮演着越来越重要的角色。在他们年复一年的监督下，限制非法捕鱼的地区保护政策优化了水域内的生态环境和水质，越来越多的鲨鱼来到这里栖息。可是，不少来自附近村庄的非法渔民也被吸引过来了。所以在水下，我们还经常可以看到鲨鱼嘴里叼着鱼钩。

除了培训当地人做管理员，两个村庄每年还要各选出一名村民，接受当地潜水中心为期一年的潜水长实习培训，让他们带领游客下海观看鲨鱼。这种社区营运的方式，让村民工作的同时，可以直观地了解更多海洋生态的知识。为了使鲨鱼保护区不受船锚损坏，保护区内还设置了八个系泊浮标，在其他贝卡潟湖潜水点也安装了系泊浮标。

随着大量鲨鱼在保护区栖息，大批潜水员涌入这个小港口，为当地经济注入了巨额资金。而且，这些潜水员有经验丰富的向导陪同，从未出现过被鲨鱼伤害的现象。如果没有鲨鱼礁潜水项目，这些潜水员可能根本不会去贝卡湖。因为1997年的厄尔尼诺现象和2001年的海啸让这里的珊瑚遭受了巨大的破坏，相比热带海域琳琅满目的珊瑚礁，这里的水下一度没有什么吸引力。

保护区内有一个重点研究项目——低鳍真鲨标记计划。每年1月至10月，有大量低鳍真鲨巡游至保护区。这期间，低鳍真鲨在鱼礁上很常见，但在11月和12月交配繁殖期，它们就离开了这片珊瑚礁。通过标记、记录、跟踪低鳍真鲨的行踪，研究低鳍真鲨的活动和巡游规则，可以让研究人员更深入地了解鲨鱼在这两个月的去向。到目前为止，已有11条低鳍真鲨被贴上了卫星标签，研究发现，它们活动范围很广，在远洋环境中待的时间也很长。

其实，保护区内低鳍真鲨的日常活动也很神秘。除了在投喂食物期间可以看到它们的踪迹，大部分时间它们都无迹可寻。为了了解它们的习性，专家在鲨鱼礁周围建立了声学测量装置，日后，希望装置能环绕整个贝卡潟湖。低鳍真鲨身上都安装了单独的识别发射器，每当它们游到一个测量装置附近时，都会发出信号。收集这些信息需要时间，但一旦收集到足够的信息，研究人员就会了解鲨鱼每天什么时间段在什么区域活动，以及它们的特定行踪。掌握低鳍真鲨生活的规律和习性，对我们更好地规划和保护它们的栖息地非常有用。

3
2015年的初见

2015年9月，我和低鳍真鲨初次相见，那也是我第一次来到南太平洋的岛国斐济。

出行之前，我的资料夹里收藏了这个岛国的各种旅游信息。斐济有300多个岛屿，其中103个有人居住，每一个海岛都是海上明珠，蕴含着无数海底宝藏。如果要一次性饱览海底胜景，可能得在这个岛国生活大半年。而我最想做的，就是到楠迪太平洋港观看低鳍真鲨，顺便去塔韦乌尼（Taveuni）岛记录世界软珊瑚之最。

太平洋港在斐济的主岛的最南端。从楠迪驱车前往太平洋港大约三个半小时。其实从外岛到太平洋港潜水的朋友大可不必返回楠迪，距离太平洋港40千米的斐济首府苏瓦，有内陆航班和港口渡轮更加便捷。来到这里的人都有相同的目标——一睹具有高度攻击性的低鳍真鲨！

这是我第一次在开放水域里看到自由自在的低鳍真鲨，在见到它们之前，我对低鳍真鲨的了解是这样的：

低鳍真鲨

低鳍真鲨，俗称"公牛鲨"，被认为是全球最有攻击性的四种鲨鱼之一，和"恶名昭彰"的大白鲨、威武的鼬鲨（俗称"虎鲨"）、长鳍真鲨并驾齐驱。但是，和其他几种鲨鱼不同，低鳍真鲨可以在淡水中活动，可以在河流出没。因此，它们是近岸攻击人类的元凶之一。低鳍真鲨之所以得名，不仅仅是来自它那敦实的身型和阔平的鼻端，还有一个重要的原因，就是它们不可预测的攻击行为。

低鳍真鲨

潜水拍摄后我与潜导合影

　　带着这份见解，我来到了斐济太平洋港，然而，等待我的不仅仅是一场鲨鱼的飨宴，更是一次心灵的洗礼！

　　斐济气候属热带海洋性气候，全年可以潜水。其中每年5月至10月盛行凉爽的东南信风，是一年中相对干燥的季节，海水的能见度可达30米以上，不过水温偏低，平均水温在23℃。我已经穿着5毫米厚的湿衣，但它并不能完全阻隔冷水，令我丝毫感受不到温暖。在太平洋港国家海洋公园有一个专业的潜水中心，每周提供五次观鲨潜水。后来我才知道，他们其实是这片海域的守护者。

　　清晨到达潜店，已有来自世界各地的潜水员等待着，我们被分配到了潜船"猎人"号，船只从一个内湾沿着红树林的浅滩驶出，伴着海浪很快进入一望无边的海域。经过潜导的讲解后，我们到达这个著名的鲨鱼潜点。第一次接触食物链顶层的掠食性海洋生物，我多少带着一些敬畏和忧虑，因此很认真地听简报。潜导告诉我们，我们将近距离看到几十条低鳍真鲨和灰三齿鲨（俗称"白顶礁鲨"），而每个潜水员必须严格遵守规则，潜导们将携带一个大箱子下去，亲手喂食这些鲨鱼，而我们所能做的就是趴在人造的围墙内观看它们。为了保护潜水员的安全，部分潜导会在四周守护，手持三角头的铁棍，警惕从四面八方而来的鲨鱼过度靠近潜水员。看到他们全副武装的阵势，我犹豫半晌，忍不住问了一句："鲨鱼会离我们多远？"潜导笑笑，忽然凑到我面前，吓我一个踉跄，换来潜船一片笑声。"就像这样。"紧张的节奏，瞬间缓解了。

手持三角头铁棍的潜导，有鲨鱼靠近或者争抢食物，潜导会用平滑的三角头轻轻推开鲨鱼

　　由于水面浪大，流急，潜导要求我们在水底15米深处集合。我把运动摄像机放入潜水夹克里，跳入水中，海水冰凉袭人，低头可见清晰的海底，在潜导的注视下，我们陆续潜入了海底。在28米深的海底，我看到了他们口中的"城墙"，其实就是一道礁石垒成的墙垛，几十个潜水员依次有序地躲在墙体后。这扇裸露的墙，既保护了潜水员，也为鲨鱼提供了屏障，让我们安静地欣赏一场鲨鱼的表演。潜导提着箱子在我们身前站着，不知什么时候，几十条鲨鱼如同变魔术一般从天而降，看那浑圆健硕的体型，应该就是低鳍真鲨！我呼吸加快，心也怦怦

跳，不禁收起举着的运动摄像机，手脚老实，一动不动。在一群彩色小鱼的簇拥下，健硕的低鳍真鲨气势汹汹地向我们逼近。看到它们慢慢靠近潜导，我不由为潜导捏了一把汗。显然，我的担心是多余的。潜导淡定地从箱子里取出了鱼头，摇摆着手臂，低鳍真鲨加速游过他身边，张开大嘴，露出了两排尖利的牙齿，一个巨大的鱼头瞬间被吞咽下去。许久，我脑海里的画面依旧被定格在低鳍真鲨的锯齿獠牙。接下来的时间，更多的低鳍真鲨被吸引过来，它们浑圆的身体看上去有点可笑，但丝毫不觉笨拙，一秒之前，它朝我迎面扑来，下一秒，它又以一个优雅的回转离开了我的视线。我绷紧的肌肉神经终于慢慢松弛下来。而这场鲨鱼的视觉盛宴，在我体温逐渐流失的时刻结束了。转身离开的瞬间，我才发现身后站着一排潜导，手持铁棍，严阵以待。

全副武装的潜导们手持三角头铁棍，喂低鳍真鲨

回到潜船，我坐在阳光下恢复体温。潜导也在我身边坐下。我记得他，这个一直站在我身后的人，他在海底全副武装的样子，就像钢铁侠，这也是我后来一直对他的称呼。让我感兴趣的是，他在潜水过程中一直拿着一个水下记录本和一支笔。我主动和他攀谈起来，在接下来30分钟的交流中，我接受了一次海洋的洗礼。"钢铁侠"肌肤黝黑，面容略带沧桑，他是当地村民，在保护区工作十年之久。他细数着在这个国家海洋公园工作的点滴，一些伟大的却不为人知的事情，他们和鲨鱼朝夕相处的故事。故事里，没有伤害和杀戮，没有凶险和威胁，只有一些憨态可掬的大型鲨鱼。这些被人类视为最具攻击性的海洋生物，在他的故事里，变成

左图：斐济海底美丽的软珊瑚

了聪明可爱的"哆啦A梦"。说到动情处，他会仰头大笑。他认识这里近200条低鳍真鲨，十年间，他们不断认识、感受并且尊重这些海洋生物。十年间，他们用纸、笔、影像记录鲨鱼的种类和特性，甚至给每一条低鳍真鲨取名字，"白鼻子""大老板""摆尾巴"……谈笑间，"钢铁侠"生动地描述那些海洋宝贝。我似乎看到了"大老板"，一个搞笑的家伙，体态臃肿，眼神骄傲，旁若无人地穿行于群鲨中，带领伙伴们拱翻了潜导的铁皮箱；我也看到了可爱的"白鼻子"，鼻头醒目的白斑，略带喜剧效果，出场总是让人忍俊不禁；还有"摆尾巴"，像奥斯卡金像奖得主，镜头感十足的家伙，面对观众永远保持优雅的姿态……

在我们的交流结束前，"钢铁侠"拿起了他们在海底用的三角头铁棍，向我示意，尖头的一端是用于在海底固定身体的，永远不会对着鲨鱼，而如果有鲨鱼靠近潜水员时，或者争抢食物，他们会用平滑的三角头轻轻推开鲨鱼，就像劝导那些充满好奇心的孩子，相比打骂，互相尊重才是有效的帮助。我开始慢慢地理解他们与鲨鱼亦亲亦友的共生关系。

接下来的几天，我变得出奇放松，再看到低鳍真鲨的时候，我忘了它们嗜血的天性，在我眼中的低鳍真鲨已经和最初到来时的印象完全不一样了，它们变成了一尾尾鲜活的精灵，在海洋的舞台里，翩翩飞舞。我在群鲨中，搜寻故事里熟悉的身影，寻找善舞的"摆尾巴"，观察它们鼻头是否有醒目的白斑……我回头看看"钢铁侠"，他依旧拿着笔在做记录，看到我转身的瞬间，做出一个敬礼的姿势。就这样，险恶刺激的"鲨鱼潜"，变成了一幅婉丽律动的写生。很多次，低鳍真鲨迎面而来，灰鳍鲨零距离划过我的头顶，我依旧可以目视它们干净的眼神，内心平静如水。

临别，"钢铁侠"偷偷拿出一颗低鳍真鲨的牙齿（参见第52页图）给我，作为纪念品。他每次下水，都会寻找鲨鱼脱落的牙齿，就像收集自己孩子更换的乳牙一般。三角形的锯齿状牙齿，饱含了"钢铁侠"对鲨鱼的情感，也成为我得到的最珍贵的礼物，收藏至今。

低鳍真鲨拱铁皮箱

离开斐济，我回到了有网络的家，第一件事就是查找这个国家海洋公园的资料和这个鲨鱼保护组织的相关信息。我希望让更多的人和我一样，有机会知道他们，与海洋生物形成共生而且和睦的关系。翻看了不少国外资料，我收集并翻译了部分鲨鱼礁的保护行动：

鲨鱼礁保护行动

◎ 为幼鲨鱼进行标放

◎ 鲨鱼和鱼类数目普查和统计

◎ 鲨鱼和鱼类种类的鉴定

◎ 装设海底摄影器材及取回影像数据

◎ 数据收集、输入、整理及分析

◎ 在地图上标记重点保护的栖息地，完成当地居民生态知识的统计工作

◎ 进行关于鲨鱼的演讲

◎ 在当地社区推行关注鲨鱼保护的教育活动

◎ 开展幼鲨栖息地保护项目

◎ 开展红树林再生项目

◎ 资源回收及应对气候变化的相关工作

近十年，这里鲨鱼数目上升九倍，游客可通过潜水与鲨鱼零距离亲密接触，最近更是推出了助养鲨鱼的行动，人人都可荣升为低鳍真鲨的"父母"。由于保护区鲨鱼数量的回升，生态环境发生了奇迹般的变化：鱼类数量惊人地增加。鲨鱼作为食物链的顶端，在珊瑚的再生过程中充当重要角色，当珊瑚形成无数的小鱼礁，大量食肉动物如鲨鱼也能受惠，使这片海域繁盛起来。

在这里，每一次下水，我们都可以看到波纹唇鱼、巨型石斑鱼、长角石斑鱼以及五种以上不同的鲨鱼。在一次潜水中能看到五种以上的鲨鱼（有时多达七种），这在全世界任何其他地方都不可能，而且一些鲨鱼非常庞大和稀有。

通过多年统计，在鲨鱼礁常年活动的鲨鱼包括：

尖齿柠檬鲛、乌翅真鲨、低鳍真鲨四处游动

- ●多达**8**条乌翅真鲨
- ●最多**30**条钝吻真鲨
- ●多达**15**条灰三齿鲨
- ●最多**8**条长尾光鳞鲨
- ●最多**2**条短吻柠檬鲨

　　在全球其他海域，我也游历过富饶的海底世界，但都需要用一周以上的时间才能目睹这些种类繁多的海洋生物，绝不会在一次潜水中全部体验。所以，斐济太平洋港的鲨鱼保护具有极高的研究价值。

　　了解这颗海上明珠后，我也理解了这片海底繁荣背后的艰辛，许多"钢铁侠"一样的当地村民在这片海域，与这些貌似凶残的海洋生物朝夕相处。十年来，他们协助抚育了大量的鲨鱼，并由衷地向亲人朋友讲述一个个真实的故事，让每一个带着未知而来的游客内心充满笃定。他们说："与鲨鱼和平相处的唯一方式是尊重！"

　　是的，尊重！这是我们与鲨鱼和平相处的唯一方式，这又何尝不是我们与这个世界和平相处的唯一方式。如此简单的道理，我们却需要穷其一生去理解！

4
一些思考

过去三十年，鲨鱼正日益濒临灭绝。其主要原因是对鱼翅的需求，二十年前，亚洲人创造了对鱼翅的巨大消费需求。昂贵的鱼翅汤一碗可以卖到上千元，一度成为亚洲人宴会消费的明星食材，也成为一种身份和地位的象征。这种畸形的消费使亚洲鲨鱼数量大幅下降，而亚洲鲨鱼种群的灭绝导致翅片价格上涨，吸引了更多非法渔民捕鱼。亚洲捕鱼业者将目标进一步放远至太平洋地区，争取亚洲船只在海外拥有捕鱼权。他们在落后的区域，巡逻不足的盲区，诱使当地渔民对鲨鱼种群进行捕猎。很多商业捕猎鲨鱼的船只在近海和珊瑚礁栖息地使用长线钓鱼，这些破坏性的捕捞做法已经导致不少鲨鱼种群彻底灭绝。而且，这种破坏，在很大程度上是不可逆转的，因为鲨鱼成熟晚，繁殖慢，并且大多数鲨鱼产卵量少，导致鲨鱼数量的恢复很慢。一旦人类把它们从礁石食物链的顶端移走，珊瑚礁的健康也将随之瓦解。栖息地的重新修复非常缓慢，甚至可能永远无法恢复。在澳大利亚、南非等地，尽管科学家和环保人士作出了越来越多的努力，但商业利益如此之大，以致滥杀鲨鱼的行为基本上有增无减。迄今为止，商业捕鱼仍然是对全世界鲨鱼种群的主要威胁。

然而，随着世界范围内休闲潜水活动的增长，越来越多的机构和组织意识到让鲨鱼远离餐桌可以带来持续的商业价值。全球的旅行者、潜水员、海洋爱好者，他们愿意花很多钱奔赴千里去看鲨鱼，而这些人是国家经济的贡献者。在加拉帕戈斯群岛、科科斯群岛、南非、法属波利尼西亚、墨西哥和巴哈马等地，都有类似的案例，通过鲨鱼栖息地的保护和旅游资源的适度开发，活体鲨鱼每年可以为当地带来的经济价值达到1万美元。然而，一条死亡的鲨鱼的鱼鳍能带来的利润不过500美元，而且，在餐桌上的鲨鱼只能创造一次性的利润。我相信，当我们意识到鲨鱼对海洋生态和栖息地的价值，人类的智慧有能力通过保护鲨鱼来创造新的价值。

长鳍真鲨，全球最有攻击性的四种鲨鱼之一

扫一扫　　　　扫一扫　　　　扫一扫

喂鲨鱼　　　　低鳍真鲨　　　　鲨鱼盛宴

塞班岛蓝洞潜水

第二章

我非
生而无畏

这些年，我被问得最多的就是"你不怕鲨鱼吗"？我从来不回避自己的感受，答案是：我并非生而无畏。

我和大部分人一样，对鲨鱼也曾经心存恐惧，敬而远之。我认为，如同人类对未知事物的恐惧一样，这种害怕是非常自然而真实的流露。那么，我是如何在追逐鲨鱼的路上越走越远，越来越痴迷的？如何成了大家口中"追鲨鱼的女孩"呢？这个问题的答案似乎不重要了。对我来说，鲨鱼更像君子之交的朋友，浓淡相宜的伙伴。没有什么海洋生物，比它们更能走进我的内心，颠覆我的认知，带给我一次次意外的惊喜。八年的时间，它们让我从一个"闻鲨色变"的小白变成一个"闻鲨起舞"的记录者。

1
我和海洋的缘

我在内陆山城长大，喜山，亦乐水。"一席绿山，炊烟缭绕，一池湘江，橘子洲头。"这就是我从小对大山大水的理解。在我的记忆中，大人总是教育孩子"离水远一点"，尤其是在我5岁时，因为下河捡蛋壳差点溺水之后，我就被限制嬉水。但我觉得自己和水万分亲切，小时候最喜欢的事情，就是在池塘里抓鱼摸虾，在小溪里扎猛子，那个时候，我还不会游泳，只会闭气。随着岁月的流逝，我有幸饱览名川，体会群山的气魄，靠近雪山冰川。山水如人的气魄，风情万种。我曾徒步三江口，慨叹虎跳峡的烟波浩渺，在清晨的喀纳斯湖守候，乘一叶竹筏漂泊漓江，静待湖光山色连绵一体……"壮哉水之奇也，奇哉水之壮也。"

第一次见到大海，我已是18岁了。考上大学之后，我走出了山城，结束了十年寒窗的生活。我来到了深圳的大梅沙踏浪，脚下流淌的不是黄泥巴，而是细沙，那种滋味，仍记忆犹新。海浪一涨一退，翻滚、瓦解，一直洗刷着沙滩的颜面，我的双脚也深深陷入沙地里，仿佛有种无形的魔力使我慢慢沦陷。在这碧海蓝天之下，这片无涯的大洋，似乎让我很难亲近。因为在这美丽面纱之下，是未知的世界，暗藏凶险。多年来对大海仍有依依，却始终不曾徜徉。这种感觉，跟随着我一直到大学毕业，跟随着我徒步世界各地，跟随着我走入职场……

可是海浪总是锲而不舍地敲打着我的心门，邀请我进入这光怪陆离的世界。

2008年，马尔代夫的一次休闲旅游，在小岛逗留数日，我首次被海洋环抱，除了无尽的海，看不到其他风景。清澈的海水里，整群的鱼儿在脚边游动，鲜艳夺目；屋子下面，闲适的鳐鱼在畅泳……这激起了我靠近海洋的欲望。通过了游泳测试，我穿着救生衣，带着呼吸管、面镜和脚蹼，随着水上运动中心的一艘游轮出海。那是我第一次远离陆地，投入海洋的怀抱。时至今天，岁月已经带走了客观的记忆。可是当时，内心世界的感受却清晰可辨：在水下的每一次呼吸，难以平复的心跳，都让我感觉自己和海洋生物如此亲近相伴，渐渐忘了害怕。在触手可及的距离，有斑斓的珊瑚，使人不忍移目……对海洋的恐惧和猜测，在我埋头探入海底的那一刻消失殆尽，我开始无限渴望靠近这个未知的新世界。我开始玩帆板、冲浪，寻找一切可以靠近它的方式。

我在女儿的教育里，抹去了"远离水"的教诲。我们在海岛追浪，在奥兰多扬帆出海，在夏威夷恐龙湾一起浮潜窥探海底的世界。我希望让孩子了解、体会真实的世界，而非我们以溺爱搭建的堡垒。海洋从来不知道，你是百岁老人的悲苦伶仃，还是百日孩童的啼笑呢喃，它保持着一种态度，与我们同在。那时的我，还不曾想象，在未来的岁月里，我和海洋之间有着如此深厚的渊源。这一切，似乎都在等待合适的契机，等待着我历经岁月，刚好能够读懂海洋的厚重。

2
正式成为
潜水员

2012年我在一个培训班，偶遇几个北京女孩，率性热情，十分投缘，我们迈过柴米油盐，攀谈人生梦想。得知我是户外玩家，兼摄影爱好者，倩倩给我看她在水下的照片。这个原本身材傲人、风情万种的女孩，在水中更显白皙、丰满，妩媚的双眼，望穿秋水，直击人心。她讲述起出游马尔代夫潜水度假的故事。眉宇之间，都是难以掩饰的骄傲和愉悦。我羡慕她这种毫无束缚、自由舒展的生活，这增添了我对海底旅途的渴望。

新年期间，我决定买一张通往海底的门票，跟随着倩倩和女友景儿，去三亚考一个潜水证。教练是倩倩力推的一名"责任男"，我的禀赋不太高，在他的严格要求下，我勉强完成了泳池授课。用嘴代替鼻子呼吸的模式，让我难以适应，同伴却显得从容而淡定多了，她水性比我强，自由泳游得比我好。虽然潜水跟游泳不能相提并论，但在很长的日子里，我都是用这个理由安慰略显笨拙的自己。三亚的冬季并没有想象的那么温暖，热量流失得快，我每一次出水都全身哆嗦，大口喝着倩倩准备的热姜汤来恢复体温。想到终于可以出海的时候，我才激发出一点内心的斗志，坚持着。

那个神秘的世界隔着一扇窗，我等不及想看到窗外的风景，是否还似马尔代夫当年的印象那般碧蓝。可当我打开窗时，却有一种莫名的失望，也许是记忆停留在马尔代夫那清澈绚丽的海底世界，也许是曾经沧海难为水，在亚龙湾的近海，我只觉得视线模糊，不知身在何处。入水后，来不及看四周，捏了两下鼻子，调整耳压平衡的间隙，我就沉底了。9米左右的水深，适合初学者停留。除了教练，我看不到周围有生物，海水透着奇怪的绿色，不到2米的能见度，没有成群的热带鱼，更没有期待中的珊瑚。教练开始让我不断地复习水下基本技能，完成之后，带着我在水下寻找一些东西，偶尔发现一丛小珊瑚，一只海螺，都兴奋不已。接下来的两天，我在这片海域，慢慢增加深度，扩大了游动的范围，可我始终没法在这里找到心中的海洋。作为一名摄影爱好者，眼睛里看到的一切，都是镜头画面的假设，而我，没有在这个假设中让大海与美丽画上等号。教练给我拍的纪念照片，连同临时潜水证书，被我展示在朋友圈，仅限炫耀，无关骄傲！

　　曾经，我以为，我和海洋的缘分就停留在那一纸证书之上，无法延伸。可是，我又那么急切地推开了那扇窗……

　　同年2月，我前往澳大利亚，在世界潜水胜地凯恩斯出海，外国潜导是一名帅气的小伙子，第一次持证潜水，还是难掩期待。同行的两名日本女孩看似和我一样是初学者，她们谦卑的表情似乎在暗示潜导："拜托了，多多关照。"果然，在接下来的行程里，这位潜导对她们情有独钟，寸步不离，根本没把我放在眼里。偶尔看

澳大利亚大堡礁海底珊瑚礁

在澳大利亚大堡礁潜水

/ 我 的
鲨鱼朋友

我时，眼神里流露出勉为其难的鼓励，我只好礼貌地微笑。但从顺楼梯走下海底的那一刻开始，我就无暇顾及潜导了。我看到了一个没有尽头的世界，消失在远处的湛蓝之中，鱼儿在水中闪烁着粼粼波光，珊瑚像盛开的花，繁茂不可一世。那一瞬间，我忘记了所有潜水的技巧，忘记了陆地的呼吸，眼睛看不过来这盛景，亦真亦幻。我环顾一圈，再次确认自己身临其中，和这些海洋生物在一起，这是真实的。

一瞬间，通往海洋的那扇心窗再次被打开了。我发现窗外的风景是无法想象的美好。到现在，被人问及，潜水到底有什么好玩的？有什么吸引人的地方？让我决然放下多样化的生活，选择与海洋为伴。当时的我，会告诉你各种感官上的刺激，现在的我，会告诉你内心的感受。可是，无论如何，每次回答这个问题时，脑海里依旧清晰地能投射出心门被打开的那一刻。其实，我一直在寻找的答案，早在大堡礁的这一刻，就有了！

答案不曾变——我热爱这种极简的生命空间！

极简，不是周遭环境，是内心世界的宁静致远！不需要语言的沟通，不需要肢体的接触，不需要烦琐的猜忌，在这里，你只是，也只能是真实的你。然而，这个空间却充满着灵气和生命的力量，吸引着你想随之舞动，相伴相惜。如果说，有那么一刻可以定义为和海洋的一见钟情，我想，那就是此刻！如果有那么一种感觉，可以定义为我和海洋的初恋，那这种感觉就是，虽然稚嫩，却美好！

进入海底的那一刻，我就一直幻想着自己手持相机，能够记录下双眼看到的一切。在大堡礁，我第一次拥有一张像样的水下照片，花重金买下，作为纪念。回到国内，教练建议我买一个运动相机记录水下的一些片段。可我始终无法在运动相机的画面里找到拍摄的乐趣。很快，我随我的女性朋友一同前往菲律宾薄荷岛，在这里，成功进修为派迪（PADI）的高级潜水员，取得人生的第二张潜水执照。在这里，我看到了海底的美景如何呈现在相机镜头里，让我坚定地开始水下拍摄。在很多人纠结水下相机如何选择时，我几乎没有考虑地装备了我的单反相机——佳能5DMARK3，它在陆地跟随我多年，我给它装上了密不透水的金属铠甲，意味着重置和新生。接下来的三年，它伴随着我走向

第一次行走在塞班岛海边

3

我和鲨鱼
的初见

世界各地，终于在宝岛台湾进水"牺牲"，见证了我作为水下摄影师的成长之路。

水下摄影装备齐全后，我迫不及待地要小试牛刀。2013年，我终于奔赴海岛塞班——我的水下摄影处女地，也是我和鲨鱼第一次相遇的海岛。作为入门级水下摄影师，巨大的

三条栖息在岩洞中的灰三齿鲨

水下相机让我有点不知所措。沿着布满硬珊瑚的岸边走下深海，举着相机的我忙着选择落脚点，潮水涌动，我摇摆不定，终于摔在尖利的硬珊瑚上，手掌被狠狠地扎了一个口。旧伤未好，我又来到著名的蓝洞，120级台阶，背着气瓶，穿着装备，手持20千克的相机，走在崩溃的边缘，每一级台阶都是一万个"悔"字堆出来的。

也许所有的这一切，是遇见礁鲨前的考验，因为，有些缘分，是需要披荆斩棘、拨云见日才能相遇。

在奥比安海滩（Obyan Beach），毫无征兆，第一次看到了当地特有的灰三齿鲨。三条身长1米左右的小型礁鲨栖息在一个狭小的岩洞里，呈三角形排列，洞口只能容纳一名潜水员进入，礁鲨停留在距离洞口5米的位置，它们安静地看着洞外，幽暗的空间让它们的眼神更加深邃。我感觉自己的呼吸开始变化，既紧张，又激动。一种发现猎物的喜悦油然而生，我开始构想镜头里的画面，往前挪动了一下身体，我的潜伴已经进入洞口拍摄。礁鲨感受到了人的靠近，开始在洞里游动起来，它们盘旋了一会儿，停下来。潜伴退出洞口，示意我可以进入，而那一刻，我犹豫了。进入？在狭小的空间与礁鲨狭路相逢，我该如何全身而退？放弃？唾手可得的画面，难道就要定格在记忆里？我尝试靠近一点，可是当我注视礁鲨的双眼时，脑海里不禁涌上鲨鱼残忍嗜血的画面，我知道，我害怕了……象征性地按动了两下快门，便转身离开。可是闪光灯根本无法投射到5米外，画面透着沉重的黑，我的心情也开始沉重。

最终，我选择了放弃。因为恐惧。这个决定使我留下了一个无法弥补的遗憾。在多年之后，我成为一名颇有感悟的水下摄影师，即使无数次和鲨鱼四目相对，擦肩而过，我都无法弥补这次的遗憾。因为，我知道，即使到同一片海域，潜入同一个潜点，这样的场景也无法再现。即使日后我和鲨鱼之间发生了更多惊险、生动的故事，最深刻的，仍是我和鲨鱼的这次初见的记忆。那是错过的风景，一眼万年！

在塞班，我给自己取了一个与海洋有关的名字"Paupau"，源于这片海域的一个海滩（Paupau beach）。我似乎想要记住一些什么，那是我和鲨鱼故事的序幕，一场人生戏剧的开始。

4

对鲨鱼的未知和恐惧

带着一丝懊恼，甚至后悔，我回到了国内。虽然，专业的潜导曾经多次告诉我，鲨鱼并不可怕，可当自己在水下，听着呼吸的声音，看着咫尺的鲨鱼，还是无法放松下来。我知道，所有恐惧的源头都是未知。就如同我们对黑暗的害怕，都是因为对未知的猜测和遐想，那些也许是不曾存在的黑暗面，操控着我们的灵魂。我告诉自己，要想克服恐惧，靠近鲨鱼，唯一的方法，就是了解它。

我人生一直秉持的原则：生命最大的乐趣，就是不断把未知，变为已知。

接下来的时间，我浏览国内外专业网站，搜寻鲨鱼相关研究信息，购买鲨鱼知识书籍，收集国内外关于鲨鱼的官方统计数据，竭尽全力地在理论知识上了解这个海洋生物链的顶层生物。从世界上体型最大的鲸鲨，到掌心大小的侏儒鲨，从激进的大白鲨，到温柔的铰口鲨（俗称"护士鲨"）。我尝试了解不同鲨鱼的种类和习性，以及与人类的关系。

在塞班岛蓝洞自由潜

我试着解开心结，寻找心中最深处的担忧——鲨鱼对人类的攻击性。

结果让我很意外，我发现人类根本就不在鲨鱼的食物链上，甚至连甜点都算不上。鲨鱼有着敏感的感应系统和嗅觉系统，可是视力极差，对颜色也基本分辨不出来，一些掠食性鲨鱼对人类造成的威胁除了出于自卫，多是因为误把人类在水上的光影当成了美味的海豹或海狮。而全球530多种鲨鱼中，对人类存在或者曾经造成威胁的只有少数几种，分布的区域也相对集中。尽管如此，全球数据统计，每年人类因为接触鲨鱼而造成的死亡事件不超过10宗。而我们身边毫不起眼的蚊子，甚至我们亲密的伙伴小狗，与人类接触造成的伤亡事件数量都远远高于此。我们不会对蚊子惶恐，是因为它们渺小，我们不会对猫狗惶恐，是因为我们把它们定义为人类的朋友、近邻。

鲨鱼在我们从小听到的、看到的，以及接受到的教育中，都是一个彻头彻尾的大反派，残忍，嗜血……这些形象都是人类为它们披上的外衣，让人敬而远之。恐惧、逃离，是我们为自己建筑的城堡。

不敢说自己可以坦然面对鲨鱼，我只是知道，它们不似从前那样面目狰狞。而更多的体会，只有在一次次亲身经历之后，才敢说，我真的无畏了。接下来的日子颠覆了我30年传统的人生，我像一个披上战甲的浪人，带着知识的武装，穿梭在世界各地的海底，追逐不同海域的鲨鱼，无论是偶遇，还是等待，我开始了"追鲨鱼的日子"。从亚洲到非洲，从美洲到欧洲，穿越大洲大洋，跨越赤道，深入极地，心似覆水，难收。

我在海平面以下，找到了属于自己的另一个世界。这个世界小到只能听到自己的呼吸，寂静肃然。同时，这个世界又无边无际，充满未知。

扫一扫

初见灰三齿鲨

如果没有与海洋邂逅，也许我还是那个"海归金领"，戴着博士帽子，领着别人羡慕的薪水，从事一个光鲜的职业。可是，我走上了截然不同的道路，冥冥之中，一只无形的手在拖拽着我。我知其然，更知其所以然。

　　大海，并不是我儿时的梦想，但是，我依旧清晰地记得，小时候的每个周日下午，我都会守在电视机前，看一档节目——《正大综艺》，节目里有个台湾姑娘，每一次都会带着观众领略一方风土人情，留下一个奇葩的事物，让大家猜是做什么用的。我对猜题毫无兴趣，吸引我的是那个台湾姑娘的神采飞扬，眉眼间流露出的自信与笃定，我觉得，只有走遍了世界、看遍了山川的人才有这种眼神。我不知道她的形象对我有多大影响。我无法预计在20年后，我竟然兜兜转转成为一名记录者，拿着相机收录世界，把世界带给观众。

　　从2014年开始，我对投资公司周而复始的生活感到厌倦，大都市的人潮车海让人茫然若失。我开始反省、沉思，这些思考大多数发生在水下。在那个无声的世界、安静的世界里，我在一次次潜入深海后找到了自我。 我开始幻想自己是一条美人鱼，甚至是波塞冬的妻子海后安菲特里忒，不知道从哪里捡来了几斤的自信心，我觉得我的余生应该和海洋相伴。作为一名管理学博士、投资精英，我做了人生最重要的一个决定：投资管理自己的梦想！

　　辞去投资公司的工作，我开始全职从事与潜水相关的工作，去看更多的海，感受更多

在日本潜店留影

我的鲨鱼朋友

上图　潜入诗巴丹龟冢幽暗洞穴
右图　鲸鲨

的自我，唯一陪伴我的是手中的相机，我想用它去记录我看到的一切。2014年过去后，我的生活彻底转变，也献出不少第一次：第一次不用理性去权衡得失；第一次创建自己的品牌；第一次体验低温潜水；第一次扛着气瓶和相机走向未知；第一次感受海底洞穴的幽闭恐惧……终于，第一次成为亲人朋友眼中的那个"疯子"。我很清楚，基于兴趣，我选择了一种全新的生活方式，但我的未来远不止于此。

　　这一年，我离开空调房，脱下西服，换上潜水衣，与大海为伴，从印度洋跨越到大洋洲、太平洋、地中海……在菲律宾水下的微观世界里发现海洋的秘密，在泰国斯米兰国家海洋公园一睹海洋的波澜壮阔、怪石嶙峋，穿梭在美国西海岸的海藻林，在法国马赛挑战16℃的低温水域，在马尔代夫温暖的海水里守候"海洋三宝"（鲸鲨、铰口鲨和蝠鲼），这一年，我把自己晒成了小麦色，活成了理想中的自己。

　　我知道，这比什么都重要。

1

我和鲨鱼的交集

2014年，我和鲨鱼的交集越来越多，有的是萍水相逢的擦肩而过，但更多的是慕名而往的追随。

📍 马尔代夫

我对马尔代夫的印象特别深刻，那是我第一次体验浮潜的地方。2014年，我第一次组织的潜水活动也在这片海域，这里有三种著名的海底生物——鲸鲨、铰口鲨和蝠鲼，大家叫它们"海洋三宝"。它们吸引着无数的潜水员和水下摄影师。第一次到马尔代夫去拍摄，虽然最后没有见到鲸鲨，但是我终于有了第一次和鲨鱼夜潜的经历。在安利马塔

夜行的铰口鲨

（Alimatha）岛，有一个众人期待的铰口鲨夜潜计划。下水后，我才领悟到潜导为何让我们安静地守候：这里的铰口鲨成群结队，往来穿梭，无需我们费心追逐。胖硕的身体在咫尺之间出现，时而掠过头顶，时而擦肩而过，有时还调皮地把你的双腿当成岩洞，优雅穿行。偶尔看到它们用强壮的胸鳍擦着海床行进，憨态可掬。在夜晚的海底，潜水员都会相对紧张一些，有一群鲨鱼近距离游过，大家都不自觉地绷紧了神经。尽管如此，我已经不再忐忑不安，这一切，并非司空见惯，而是源于对鲨鱼的逐步了解。铰口鲨，也叫护士鲨，其实是一种性情温顺的鲨鱼，对人类无害，也不会主动攻击人类。它们通常以吸食的方式捕捉鱼类或者一些软体动物，也会吃一些藻类。它们性格温顺，与"护士"的个性相似，但它们的得名，其实源于其头部形状类似护士帽。这种鲨鱼一般可以长3米左右，重达100千克，在鲨鱼中也不算小个子了。作为群居性的夜行生物，它们夜间变得活跃，出来捕食，白天通常躺在沙质海底或躲进洞里休息。虽然，此后的日子，我对这种鲨鱼的生存状态有了更深的理解，但这是我第一次在黑暗的海底与鲨鱼近距离相处。

帕劳

　　帕劳，一个所在纬度距离赤道仅仅7.3°的小国，有人说它是彩虹的故乡，有人赞美它是上帝的水族箱。我说，它是填满了水的天堂。距离澳大利亚和菲律宾海岸几百千米的地方，是一块曾经动荡的宁静绿洲。论生物多样性，该地区几乎一马当先，这在很大程度上要归功于其地质/火山活动以及全世界最大的堡礁。

　　作为一名水下摄影师，我喜欢海底大气磅礴之美，奇石异洞之险。但帕劳的海底就是一块璞玉，未经雕琢，却浑然天成。有多姿多情之态，喷怒如强流，深敛如隧道，峭壁上，开满五彩珊瑚，奇形海扇，细腻如画；急流下，蝠鲼飞舞掩日，鲨鱼穿梭成林，狂野如歌。这里水下物种多样且丰富，最好的例子就是该地区鲨鱼的种类和数量。

帕劳是世界上为数不多的几乎每次潜水都会遇到大量鲨鱼的地方，而且，所有鲨鱼都受到帕劳鲨鱼保护区的保护。到帕劳看鲨鱼，主要的地点是乌龙海峡、蓝洞和蓝角。看到蓝洞的潜水地图我才知道，与塞班的蓝洞不同的是，

在帕劳海边

帕劳的蓝洞有三个水面洞口可以进入，水下一个大的洞口可以通向一个开放的洞穴，在这里栖息着闪电贝，洞壁有小口可以通向外面，洞外峭壁连接的就是蓝角。蓝洞、蓝角原本就是相通的。由于水面水流强度大，我们选择了一个海面的小洞口进入，下潜绳在水流强时发挥着巨大的作用，我们都是靠攀着它才能安全地在水下集合。蓝洞也不例外，深至5米的珊瑚层，也只能手脚并用地向洞口移动。虽然说是小洞，直径也有十几米，可以让多名潜水员同时进入。这是一个垂直向下的洞口，洞底无比幽深，大约下降到20米处，眼前出现了一道蓝光，那是蓝洞的大洞口，这个开放的洞口被太阳光照射着，投影出了神秘的蓝光。从岩壁的小洞口离开蓝洞，我们顺流转向蓝角，蓝角分为入口面和出口面，都是以顶流看鲨鱼著名，因为地势原因，强大的水流为鲨鱼带来了可口的食物，所以鲨鱼总是会如约而至。这里有三种鲨鱼比较普遍。

在帕劳珊瑚礁区域潜水留影

钝吻真鲨
Blacktail Reef Shark

  帕劳水域有丰富的珊瑚礁，吸引了不少喜礁的鲨鱼，钝吻真鲨是其中之一。它们又称灰礁鲨，行动非常敏捷，捕食较小鱼类甚至其他鲨鱼，它们在帕劳被列为顶级捕食者，但它们是灰三齿鲨等鲨鱼的猎物。从传统的标准来看，钝吻真鲨不是大鲨鱼。大多数的长度不足2米，有记录以来最重的一条重量超过33千克。钝吻真鲨多数停留在水深不到60米的深度。尽管如此，在缺乏食物的情况下，一些钝吻真鲨的潜水深度会深达一般栖息水深的5倍。帕劳的许多鲨鱼由于在阳光的照射下被晒黑，肤色比其他地区的鲨鱼要深得多。

钝吻真鲨，行动敏捷，捕食较小鱼类甚至其他鲨鱼

灰三齿鲨
Whitetip Reef
Shark

灰三齿鲨，俗称"白顶礁鲨"，是帕劳水域常见的另一种鲨鱼。背鳍和上尾鳍的顶部都是白色，长不到2米，多见于礁盘海域。在晚间的暗礁缝隙中寻找甲壳类动物和鱼类食物。它们几乎从不冒险进入水深超过50米的海域。这些鲨鱼好奇心非常重，会主动靠近人类，但它们不会试图攻击人类。

停留在海底的灰三齿鲨，背鳍和上尾鳍的顶部都是白色

豹纹鲨
Leopard Shark

虽然我第一次的帕劳之行并没有看到豹纹鲨，但它是帕劳较为常见的鲨鱼之一，帕劳也是西太平洋上少有的可以找到豹纹鲨的地方。豹纹鲨是三种鲨鱼中个体最小的，长约1.5米，平均体重不到15千克。它们的卵较大，表层的纤维构造如同人类的发丝，使其能稳固地粘在石头或珊瑚上。这种鲨鱼主要栖息在沿海礁沙混合区

的沙地上，生性着怯，行动缓慢，对人类没有威胁。即使是休闲的浮潜和水肺潜水员，也会遇到这些相当可爱的鲨鱼，因为它们几乎都在水深半米的深度内。但是，由于它们生活在近岸水域，更容易成为商业捕鱼的目标或被误捕。

帕劳留给我更深刻的印象是，它是第一个意识到鲨鱼需要保护的国家，并为这些掠食者的种群提供了保护区，成为世界上第一个建立鲨鱼保护区的国家。我想，这应该就是为什么在今天的帕劳栖息了那么多自由自在的鲨鱼的原因。帕劳作为第一个有这种保护鲨鱼意识的国度，让人肃然起敬。

豹纹鲨

豹纹鲨是三种鲨鱼中个体最小的，长约1.5米，平均体重不到15千克。它们的卵较大，表层的纤维构造如同人类的发丝，使其能稳固地粘在石头或珊瑚上。

豹纹鲨（图片来源于网络）

2

那一次美丽的碰撞

2015年年初，因为工作之故，我来到了日本，拜会了PAUPAU品牌潜水服的日本设计公司和面料工厂，和日本的合作伙伴交流数日。知道他们对日本的潜水行业相当熟悉，由他们领队，我开启了一趟顺路的潜水之旅。4月的日本，天气微凉。阳光下的一丝暖意被海边的凉风快速带走。东京的温度在15~25℃蹦跳，可穿上轻便的上衣短裤，有时候又要添上厚重的棉衣。海水恒温在16℃，对潜水员而言，完全把冷水隔绝的干衣是唯一的选择。对于这个水温，日本潜水员的承受能力远远超过我们，尽管有过在法国马赛16℃潜水的体验，但是穿7毫米厚的湿衣对我来说也是不堪回首的寒栗。凌晨4点多，我和马克摸黑找到了日本的电车站。经过一个多小时，两次换乘，我们终于到达出站口，合作伙伴已经在出站口等待我们。接下来的两个多小时，我们驱车前往千叶，聊聊工作，谈谈风土，直到我们依山而绕，到达小镇所在的海岸线，才停止交流。稀疏的小木屋在晨光里乍现，这时一个淳朴的渔民世界映入眼帘。

到达潜店时，已有三三两两的潜水员在喝着咖啡。我开始整理设备，在厚实的干衣里还要穿上打底服，如同太空人般笨重，加上头套的束缚，舒适程度远远不如湿衣。全副武装后，我们背上气瓶上船，出海的潜点距离海边不过10分钟的船程，我还没来得及各种摆拍，潜导就提醒我们到了。

📍 鲨鱼城堡（Shark City）

鲨鱼城堡，听名字就能感受到这个潜点的特色。近些年，它也成为一个知名的鲨鱼打卡点。在这里，有机会闯入"鲨鱼龙卷风"中，而且可以和几百条皱唇鲨、石斑鱼、沙鳐亲密共舞。运气好的小伙伴还能够见到猫鲨以及须鲨等罕见的鲨鱼物种，这也是我此行的目的。这是我第一次在开放水域使用干衣潜水，多少显得笨手笨脚。下水后，呼吸随着水温瞬间变得急促。水温只有16℃，寒意顺着我的头套、领口渐渐渗透到了我的身体。冰凉的感觉滑过每一寸肌肤，每一个毛孔都在收缩，不言而喻的战栗。看着马克和潜导下潜，我抓着下潜绳，慢慢向下。海水的能见度不高，8米左右，潜导示意我向下靠近他，我只能硬着头皮继续向下。干衣随着水层越来越紧，我给干衣少量充气。大概在10米的水深，潜水员慢慢散开，能见范围内已有一些鲨鱼四处游动，这种鲨鱼俏皮可爱，而且对人完全没有威胁，所以很有人气。我调整好自己的重心，游到礁石处，看见潜导从鱼筐中倒了一筐诱饵。识货的鱼群蜂拥而至，大的驼峰大鹦嘴鱼，小的彩蝶鱼，上百条皱唇鲨、鳐鱼、赤虹、石斑鱼、隆头鱼在我身边环绕，礁石里遍布海鳗。

皱唇鲨（摄影师：钱博深）

在伊户，有喂食野生鲨鱼的传统，多年前为了保护渔业，防止鲨鱼破坏渔网，老一辈的渔民将糟蹋了的残鱼喂食给鲨鱼，慢慢地竟使鲨鱼们养成了不劳而获的性格，后来鲨鱼越聚越多，也不会主动攻击人类。在它们看来，潜水员不过是给它们送吃的来了。鲨鱼和鳐鱼都冲了过来，搅乱了海底的细沙，能见度顿时降到5米。礁石外一片沙地里盘旋着上百条鲨鱼，它们不是被饲养的，但无论你何时来，它们都在这里。

第一潜结束之后，我们回到潜店。借用的干衣并不合身，领口处灌进了大量的水，最后晃着满脚的海水上岸了。喝一杯暖暖的热茶，休息一会儿，我们继续出海第二潜。说是第二潜，其实距离上一个潜点不远，只是从另一个方向下潜，沿着海底礁石前行，最后在第一潜的鲨鱼城堡出水。第二潜，我没有太多的顾虑，但是水温依旧是我的硬伤，尤其在干衣进水之后，浑身打战，难熬不堪，我不得不卖力地游动，让身体暖和起来。紫色、白色的软珊瑚爬满了礁石，可爱的箱鲀，巨型海鳗，还有飞舞的鱼群，让我感受到这片海域的魅力。回到鲨鱼群，我试着靠近它们，近距离录一段它们的身影，向导还没来得及拉住我，我就踢着脚蹼，闯进了群鲨之中，鲨鱼被我的闯入打乱了阵型，开始四处乱窜。猝不及防地，我头部一侧被鲨鱼猛烈地撞击了一下，下一刻，刺骨的海水灌进我的眼部，面镜被撞掉了。我不由得屏住呼吸，快速把面镜扶正，在我反应过来时，发现原来气源也消失了。我看到自己的呼吸器跌落在身体下方，急忙拿起重新放入嘴中，接下来的第一口气，我吸得小心而缓慢。整个过程也不过5秒，但除了物理的感受，我没有因为鲨鱼的碰撞产生丝毫的恐慌。这是我第一次和鲨鱼的肢体接触，一次美丽的意外让我真实地感受到它们的纯洁无害。我也清晰地看到了自己的内心，曾经萦绕心头、难以挥去的对鲨鱼的恐惧已不再有，我是真的放下了。

扫一扫　　　扫一扫

铰口鲨　　　与鲨共舞

叶须鲨（摄影师：钱博深）

第四章

不一样的
鲨鱼

也许我们对鲨鱼的印象都是凶神恶煞、青面獠牙，就像电影《大白鲨》中狡猾的鲨鱼，在泳滩布下血腥的猎杀游戏，最后惨死在主角的枪炮之下……相比万兽之王狮子，同样是统治者的鲨鱼，形象似乎略逊一筹。然而，鲨鱼作为顶级的捕食者，比狮子、老虎有着更深厚的演化历史，远在植物繁生，脊椎动物统治陆地之前，造物主已不断地在它们的器官上精益求精，让它们更迅速、更灵活，装备更先进。鲨鱼位于食物链的顶端，是不可或缺的生物，少了它们，海洋的生态结构也会随之瘫痪。从4.2亿年前至今，鲨鱼品种有500多种，能够被辨认的品种在440种左右，族群的多样化使其分布在全球范围，它们的形态、性格各异。

是时候给鲨鱼做一些正式的科普了。

鲨鱼

鲨鱼是侧孔总目动物的通称，属于软骨鱼纲中的板鳃亚纲，大约划分为现存的8目。最小的鲨鱼是佩里乌鲨，成体体长仅17厘米；最大的为鲸鲨（Whale Shark），体长可达17米以上。

鲨鱼的出现最早可追溯至奥陶纪（4.5亿~4.2亿年前），那些最早期的软骨鱼被认为是它们的祖先。由于鲨鱼的身体主要由肌肉和软骨组成，它们死后只会剩下牙齿和皮肤碎片，所以，我们只发现了奥陶纪部分鲨鱼鳞片的化石。目前最早发现的鲨鱼化石来自4.2亿年前的志留纪，这些鲨鱼有盔甲似的盾皮，齿刃如三叉戟的尖锐突起，便于捕捉鱼类，其外形和现今的鲨鱼相比很不一样。到了泥盆纪（4.05亿年前），鲨鱼和我们今天看到的已十分相似。目前被确认最古老的鲨鱼为裂口鲨（*Cladoselache*），出现于3.7亿年前，化石发现于美国的俄亥俄州古生代地层中。裂口鲨的体长仅约1.8米，具有三角形的鱼鳍和狭窄的颌。3亿~1.5亿年前发现的鲨鱼化石可以分为两类：一类为异刺鲨目（包括异刺鲨），几乎只生活在淡水水域之中，曾成功地散布至世界各地，但在约 2.2 亿年前灭绝；另一类为弓鲛目（包括弓鲛），生活在海洋中。大部分现存的鲨鱼种族出现于1亿年前。最晚演化出的鲨鱼为双髻鲨，在渐新世才有化石出现。

我们对鲨鱼的历史有了基本的了解，但鲨鱼种类之间有什么差异呢？我们如何识别它们呢？

1

不一样的尾巴

鲨鱼为了适应它们的生活环境和生活方式，尾巴的形状有很大的不同。

鲨鱼的尾鳍通常由上、下两叶（upper/lower lobe）组成，尾鳍前部称为尾柄，尾柄与尾鳍相连处，常有一"凹洼"（precaudal pit），尾柄的两侧通常具侧突，类似于"龙骨"。对鲨鱼来说，尾巴就像螺旋桨，通过摆动在水中前进，而这个"螺旋桨"的推力、速度和加速度取决于尾鳍的形状。它们的尾巴可以帮助我们识别不同的鲨鱼。

需要在开放水域快速游动的鲨鱼，尾鳍呈新月形。上叶和下叶差不多大。横向的龙骨延伸到凹坑处。这种特征有利于提高鲨鱼的游泳效率，以作短距离的冲刺，如大白鲨、灰鲭鲨。

底栖类鲨鱼的尾巴上叶与身体呈一个小角度，跟下叶相比伸出去更长一点。它们平时都趴在海底，游动较少，所以它们的运动速度相对比较慢，游泳风格类似鳗鱼，如猫鲨、铰口鲨。但有一种底栖鲨鱼的尾巴比较独特，它就是

大白鲨尾鳍

太平洋扁鲨，它的尾巴下叶比上叶大。因为平时它们会待在海底的泥沙里，用颌骨的突出部来探测接近的猎物，一旦猎物出现，便以极快的速度伏击猎物，这样的尾部方便它们从海底向上攻击猎物时快速跃起。

最常见的鲨鱼的尾巴是上叶比下叶长，并且向上翘。这类鲨鱼平时能保持低速巡航，发现猎物后爆发出强大的速度，如双髻鲨；也有一部分鲨鱼的尾巴上叶特别长，它们通常利用这样的尾巴打晕猎物，如长尾鲨科的尾鳍上叶特别长（长尾鲨的尾鳍上叶长度可超过身体的一半），它们经常在捕食鱼和鱿鱼时利用尾巴打晕猎物，这样捕食时就更加容易了。

2016年，我在菲律宾记录了以尾巴造型独特而闻名的长尾鲨。在菲律宾宿雾岛的最北端，有一个小岛叫马拉帕斯（Malapascua）。早期的国内游客在岛上游玩时，根据英文发音给它取了一个有趣的中文名字——"妈妈拍丝瓜"，又叫"妈妈岛"，它是世界上唯一在休闲潜水的深度就能看到长尾鲨的地方。长尾鲨是这个岛上最受瞩目的看点，它们大致分三类：弧形长尾鲨、深海长尾鲨（又称"大眼长尾鲨"）和浅海长尾鲨，在妈妈岛看到的是浅海长尾鲨，生活在热带和亚热带的太平洋水域。

在海底峭壁潜水，偶有看到长尾鲨的机会，但是概率极低，即使见到也是匆匆一瞥。因为长尾鲨主要分布在远洋海域，大部分时间栖居在休闲潜水甚至技术潜水不能达到的深处。但在菲律宾的妈妈岛，浅海长尾鲨几乎每天破晓都会到一个名为"单鱼群"（Monad Shoal）的潜点的海底山脉顶端清洁身体。浅海长尾鲨是三类长尾鲨里最小的，大概有3米长，颜色呈蓝色。它们有一双适合深海栖息的大眼睛，萌萌的小嘴、短短的口鼻、大大的胸鳍，以及占身体几乎一半长的尾鳍。长尾鲨对人类没有危害，但是它的尾巴可以用来打晕猎物，所以要小心，不要被它的尾鳍抽到。因为长尾鲨不喜光亮，所以我们凌晨4点多就要起床，4点45分听潜水简报，5点准时出发，观测长尾鲨时不允许带手电和用来提示潜伴的丁丁棒，相机也不可以使用闪光灯和摄影灯。不过我们还算幸运，第一天就看到了它们，而且距离我们很近，这是我第一次看到这么漂亮的鲨鱼，眼睛非常可爱，在海底30~35米深的地方，从我们身边不远不近的游过。长尾鲨胆子小，还有点怕光，不太喜欢停留在我们身边。所以，和长尾鲨的相遇，全凭它的心情。作为摄影师，我比较建议大家用高纯度氧气。这样在30多米深的水下，我们有机会停留更长的时间观测它们。

除了有不一样的尾部，鲨鱼是不是都是"青面獠牙"呢？因为它们需要吞噬海豹、海龟。但事实上，它们的牙齿大小各异，从而导致了它们的饮食方式也完全不同。

浅海长尾鲨，是三类长尾鲨里最小的，大概有 3 米长，颜色呈蓝色

2
不一样的牙齿

如果说鲨鱼本来没有牙齿，是否会令人哗然？鲨鱼的皮肤上面覆盖着盾鳞，如层层齿状的小甲壳。离颌骨越近，鳞片越大。如果近距离看，我们会发现这些牙齿排列和身体上的鳞片一模一样，也就是说，鲨鱼的牙齿其实是长到嘴里的皮肤。

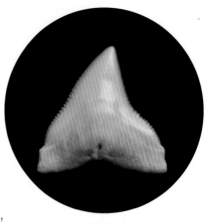

低鳍真鲨牙齿

更有趣的是，鲨鱼的牙齿在一生中会不断地更新替换，有学者估计，有些鲨鱼在10年间要换掉2万多颗牙齿。不同的鲨鱼有不同的食物，有的食肉，有的只滤食浮游生物。

> 有四种鲨鱼以浮游生物为食：**姥鲨（俗称"象鲨"）、巨口鲨、扁鲨（俗称"琵琶鲨"）**，以及身长可达17米、现存最大的鱼类——**鲸鲨**。

这些庞然大物和很多鲸类一样，拥有温柔的内心和捕食方式，它们属于滤食性的鲨鱼，牙齿细小，因此在海中必须将嘴巴张大，滤食被吸进来的小鱼小虾、乌贼或浮游生物，闭嘴时，鳃裂就会张开，多余的海水便被排出去了。

2015年我第三次去马尔代夫拍摄，这次我走了一回深南线，和前两次的北线、四方线都不一样。深南线因为开发潜水较晚，难度相对较大，所以并不是最常见的路线，但这一次，我希望能弥补之前没有看到鲸鲨的遗憾。为了寻找鲸鲨，我和当地向导一直在交流，他的父亲是马尔代夫最早的一批潜导，他也在这片水域工作了二十多年，对这里的生物非常熟悉，尤其是号称"马尔代夫三宝"之一的鲸鲨。夜晚，他在船尾打开灯，在灯光的吸引下，这些庞然大物慢慢靠近了潜船，因为灯光将无数的小鱼小虾从四面八方聚集起来，它们都是鲸鲨喜爱的食物。这也是我第一次在海底近距离和最大的鲨鱼相处，在灯光的指引下，我清晰地看到它们背部为灰蓝色或淡青色，镶着浅色条纹和白斑，它们张大嘴滤食，那张巨大的嘴里，我们几乎看不到牙齿，原来不是所有的鲨鱼都是青面獠牙的。

非但如此，随着我对鲨鱼了解的日渐深入，我发现，很多鲨鱼的外形都颠覆了我们对鲨鱼的传统认知。

铰口鲨，主要以鱼、魟类、软体动物（章鱼、鱿鱼和蛤蜊）和甲壳类为食

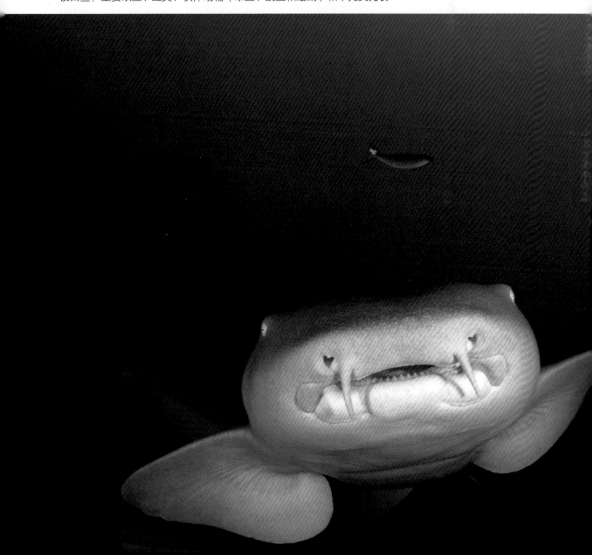

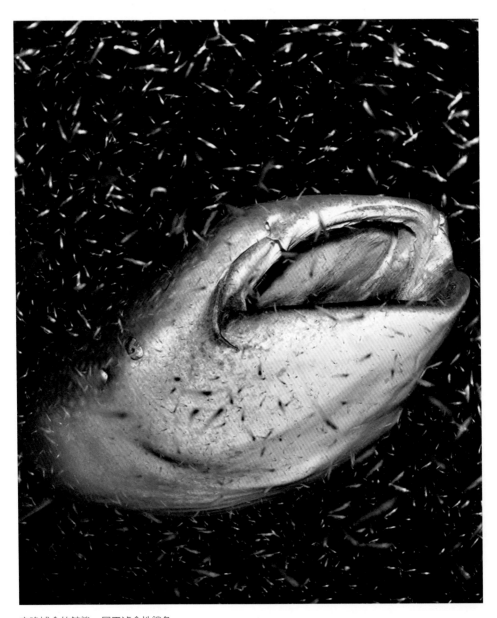

夜晚捕食的鲸鲨，属于滤食性鲨鱼

3

长"胡子"的鲨鱼

　　铰口鲨，算是我接触比较多的一种鲨鱼，第一次观察它们时，我就发现了它们嘴巴边上竟然长着"胡子"，就像淡水的鲇鱼一样。原来铰口鲨属于须鲨目铰口鲨科，而且数目和品种还真不少。须鲨目主要分布于印度-太平洋的热带、温带海域，特别是澳大利亚和印度尼西亚的周边，大多数种类生活在浅海和海域的中等深度，多以软体动物、甲壳类等小型海洋动物为食。它们的口裂较小，不会延伸到眼睛后面，口旁有一对短小"胡须"——和鲤鱼、须鲷等硬骨鱼类类似，这是一种感觉器官。

　　大部分种类的须鲨身披华丽的图案，形似阿拉伯的地毯纹饰，因而在英语里也被称作地毯鲨（Carpet Shark）。但我见识到这种有"络腮胡子"的鲨鱼，是在印度尼西亚的四王岛，这里有一种须鲨的英文名为"wobbegong"，据说是来源于澳大利亚的土著语言，其意思差不多是"毛茸茸的胡

夜晚捕食的铰口鲨

躲藏在岩壁下的叶须鲨

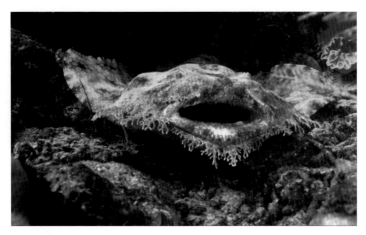

叶须鲨张大嘴巴守株待"鱼"

子"。这种鲨鱼刚开始很难辨别，因为它们喜欢躲藏在岩石和
软珊瑚下，下颌与杂草极为相像的须叶以及身上的花纹都与周
围环境几乎融为一体，很难被发现。这样独特的外形，不仅
为自己提供了遮掩，也方便它们伏击猎物。随着我在海底的观
察，我发现这个善于伪装的猎食者，最大的能力就是守株待
"鱼"，它们躲在沙地一动不动，等到一些小鱼被它们身上的图
案和下颌的须叶吸引时，才以迅雷不及掩耳之势，张开大嘴，
吞下被诱导的猎物，由此可见，它们是多么的狡猾啊！

4
"表里不一"的鲨鱼

　　在这些年拍摄的几十种不同的鲨鱼中，佛氏虎鲨算是非
常"表里不一"的了。第一次记录它是在圣迭戈附近的拉荷
亚（La Jolla）国家海洋公园里，这里其实是海狮和斑海豹的
自然保护区。在海底，摇曳的海藻中藏匿着一种外形奇特的
鲨鱼——佛氏虎鲨，要识别它们很容易，其头部短而钝，眼

睛上有明显突起的眉骨，高背鳍上长出两根大刺，身上带有许多小的深色斑点。棱角分明的头部和两根尖锐的长刺让它们的外形看上去十分"邪恶"。它们具有攻击性，还有一个别名——"牛头鲨"，这个名字很容易让人把它们和牛魔王联想到一起。事实上，在虚张声势的造型下，是它们腼腆害羞的性格。我每次在水下企图靠近它们时，它们都会逃到石缝里，把头埋到岩石中，作掩耳盗铃之态。夜晚是它们外出捕食

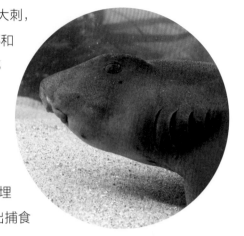

佛氏虎鲨

佛氏虎鲨夜间活动

的时刻，我在水下多次和它们正面相遇，它们都慌不择路地逃跑了。这种鲨鱼分布在北美西海岸加利福尼亚州的沿海水域。幼鲨喜欢在较深的沙地生活，成年后则喜欢较浅的礁石或海藻床。其实，成年的佛氏虎鲨体长只有1米左右，算是一种小型鲨鱼，对人类毫无威胁。

经过数亿年的演化，鲨鱼成为食物链的高级消费者，在世界各地的海洋、河流"开枝散叶"，并拥有不一样的外形、习性和性格。就像我们人类一样，无法用一个统一的标准去衡量不同人的善恶美丑，鲨鱼也有着不同的性情，更有着相当灵敏的感觉器官（甚至心灵），而在现存的鲨鱼当中，仅有少数几种鲨鱼发生过和人类接触而导致人类伤亡的事件，无法一概而论。当我们摘下有色眼镜，消除先入为主的鲨鱼"凶残嗜血"的观念，我们就有机会打开心扉，享受鲨鱼为我们带来的另一种乐趣。

扫一扫　　　扫一扫

鲸鲨来啦　　　佛氏虎鲨

佩氏真鲨

第五章

鲨鱼的
性格

1

铰口鲨 "弗洛伦斯" 趣闻

在英国伯明翰国家海洋生物中心，生活着一条素食的鲨鱼——"弗洛伦斯"（Florence）。"弗洛伦斯"身长约1.8米，它是一条铰口鲨（Nurse Shark），这种鲨鱼头部形状类似护士帽，因此又名护士鲨。

2009年，据英国广播公司（BBC）报道，"弗洛伦斯"在经过从下巴取出一个钓鱼钩的水上手术后，就再也不吃常规食物了，却对蔬菜"爱不释口"。现在，动物训导员要用一些"狡猾战术"才能将蛋白质加进弗洛伦斯的饮食中。伯明翰国家海洋生物中心负责人格雷厄姆·巴罗斯表示："为了让它得到每日必需的蛋白质，不得不把鱼肉片藏在芹菜秆、中空的黄瓜和生菜叶里。你可要把鱼肉藏好了，要是被发现，它就会对你提供的食物置之不理，然后等着真正的素食。""弗洛伦斯"的口中排满锋利的锯齿状牙齿，原本用以撕碎鱼和甲壳类动物。但它一反常态，用这些利齿嚼碎西兰花、卷心菜和其他绿叶蔬菜，甚至从同一个水池中的绿海龟"莫洛凯"那里偷走蔬菜。虽然铰口鲨在野生环境中偶尔会吃一点海藻，但"弗洛伦斯"的饮食习惯发生翻天覆地的变化，令很多人感到惊讶。

我曾看过一本书《如果鱼知道》，作者乔纳森·巴尔科姆是美国著名的动物行为学家，他借助动物行为学及生物学领域的发现告诉我们，"传说只有7秒记忆的鱼，其实是高智商动物"，鱼类在3亿年的漫长历史中完成了高度演化，千百年一直不为人知。它们有意识，有感情，能够交流，会使用工具，懂得合作，甚至懂得讨好与欺骗。也许以前，对于他的描述，我即使认同也难以感同身受，但随着我对鲨鱼的了

铰口鲨夜间活动

解，这种描述，似乎对我的感受进行了科学验证。就像上面这一则趣闻中的"弗洛伦斯"。我们不知道它为什么会改变口味，它似乎有着自己独特的饮食个性。在我多年拍摄鲨鱼的经历中，也有一段在古巴的经历，让我遇到了一条性格迥异的铰口鲨"山姆"（Sam），证实了"鱼什么都知道"。

2 古巴的遇见

2014年夏天，我独自前往古巴，那是我向往已久的社会主义国家。莫吉托、雪茄、老爷车，都和加勒比海湛蓝的海水浑然天成。我的目的地是古巴南部海岸大约96千米处的女王花园群岛，这个加勒比海的群岛由250多个原生态珊瑚礁和红树林群岛连接而成，海水毫无污染，水下动植物种类繁多，是潜水者的天堂，故又称"加勒比海的加拉帕戈斯"！此外，120千米的红树林地带，也是咸水鳄的栖息地，如果有

潜水员水下近距离拍摄美洲鳄

在古巴海底与鲨鱼同游

胆识，可以与鳄鱼浮潜共舞。

　　古巴信息通信落后，出海意味着失联，所有的消息都只能后补。回来后，有人问，在古巴潜水看什么？我说，看鲨鱼。有人问，女王花园群岛为什么成为世界顶级潜点？我说，因为鲨鱼。在这里，不需要众里寻"它"，转角就能遇到鲨鱼，鲨鱼是逃不掉的风景。而且，这里的鲨鱼早已习惯被潜水员窥探，它们亲民、活跃、贪吃，也有好奇的宝宝对潜水员十分感兴趣，它们就这样自然轻松地在你身边游走。在这一周的时间里，我见识了当地著名的佩氏真鲨、镰状真鲨、铰口鲨和乌翅真鲨，看到它们不同的体态，不同的习性，也让我萌生了更多的好奇。每天晚上，是潜水员们交流的时间，一杯啤酒，一个舒适的沙发，一台大大的液晶电视，一群潜水摄影爱好者，每夜分享照片，交流我们和鲨鱼的故事。这成了我潜水以来，最有收获的旅程，我终于有时间，可以沉淀白天的所见所闻，慢慢理解和感受各类鲨鱼。

佩氏真鲨
Caribbean Reef Shark

　　佩氏真鲨是我在古巴遇到的第一种鲨鱼，从第二次下潜开始，我们就不断地邂逅这些硕大无朋的家伙。佩氏真鲨分布在北美洲、美洲中部和南美洲的热带水域，尤其是加勒比海域。同行的潜水员，多数来自美洲，对于佩氏真鲨都已十分熟悉。只有我这个远渡重洋、唯一来自中国的潜水员，追着潜导询问它的习性。潜导只是笑笑说："你可以给它喂鱼吃。"这个似是而非的答案，算不算一种暗示？它是一种平易近人的鲨鱼。潜水结束后，我收集了一些有关佩氏真鲨的资料。

体格强壮的佩氏真鲨

佩氏真鲨，居住在珊瑚礁和海床附近

　　佩氏真鲨居住在珊瑚礁和海床附近，大陆和岛屿的大陆架，常见于不超过30米的浅水区。佩氏真鲨体格强壮，重达90千克，体长可接近3米。尽管它们是凶猛的食肉动物，但人肉可不在它们的菜单内。有时在水中有食物的时候，它们也会来到人类身旁。佩氏真鲨的感觉系统十分敏锐，能分辨出最细微的气味和水压差异。另外，它们的听力也十分惊人，它们能听到1600米以外的声音，能够感受到90多米外的震动。凭着这些能力，它们能够准确地找到猎物的位置，一步到位。

　　古巴潜导对待鲨鱼的态度，我始终不敢恭维。因为佩氏真鲨多数在浅水层活动，所以，为了诱惑它们靠近，潜导会把桶状海绵当作器皿，倒入大量鲜鱼，引得几十条大家伙蜂拥而至，场面十分混乱。起初，我离得远远的，害怕被当成猎物误食了。后来，潜导为了让我放松警惕，更是熊心豹胆地抓起一条鲨鱼，骑在上面，向我展示他完美地驾驭这头90多千克的巨兽。作为水下摄影爱好者，我虽然喜欢近距离地观察鲨鱼，但是，我始终希望它们生活得更自然，更原生态。触碰甚至玩弄鲨鱼的行为，更让我无法苟同。不过，食物的诱惑倒是让我有机会靠近它们，仔细欣赏灰棕的背部在波光下闪烁，其圆润宽大的吻部憨态可爱，仿佛是卡通中的角色。

镰状真鲨

镰状真鲨
Silky Shark

镰状真鲨，俗称"丝鲨"，是古巴最常见的一种鲨鱼，也是这次潜水的重头戏。镰状真鲨具有迁徙、洄游习性，一般生活在远洋，亦会在大陆棚边缘海岸附近出现，能生活在50~500米深的海域。它们体型庞大，身长可达2.5米，上半身颜色为青铜灰，下半身和腹部为白色。它们的第二个背鳍尖端非常长，约是鳍本身长度的2.5倍。光听俗名，就可以猜测到几分它的特征——皮肤如丝缎般柔顺光滑。一般鲨鱼的皮肤像砂纸一样粗糙，因为上面覆盖着层层齿状的盾鳞。但镰状真鲨和普通的鲨鱼不同，它们褪去了磨砂颗粒皮肤，换上一身光滑的外衣。在古巴潜水，每一次下潜都会遇上各种鲨鱼，在10米以内的浅水层，镰状真鲨的皮肤在阳光下散射出光泽，才让我们可以清晰地分辨出品种。在较深的海底，光线逐渐减弱，依靠触觉来判断种类几乎不可能，只能靠外形特征来判断。镰状真鲨和佩氏真鲨身长基本都是2~3米，身体呈流线型，但是，相比之下，佩氏真鲨宽阔的脸庞、浑圆的身躯，与镰状真鲨三角形的头部和高耸尖锐的背鳍对比明显。

经过几天的相处，我还找到了一个方法，可以区别这两种大小相似、在同一海域出现的鲨鱼——它们迥异的性格！佩氏真鲨不是很喜欢和人类接触，它们贪吃地尾随着潜导的铁皮箱子，仅仅限于在食物附近游动。在潜水途中遇到三三两两的佩氏真鲨，都与潜水员保持一定距离，不敢靠近。而镰状真鲨的性格却大相径庭，它们简直是活泼跳跃的小孩，喜欢围着潜水员，摆出各种造型，婀娜多姿。几乎每次出水前，我们距海面5米做安全停留时，都会有镰状真鲨随同我们一起游上浅水层，在阳光下，炫耀那身绚丽夺目的"丝绸"。它们有着强烈的好奇心，喜欢在潜水船周围四处游走，窥探究竟。等我们回到船上，还可以看到它们在船边依依不舍，这种可爱的鲨鱼，是目前我见过最主动亲近人类的鲨鱼。

潜水员近距离观察镰状真鲨

为了验证我对镰状真鲨性格的判断，我还特意研究了一下镰状真鲨的习性。这种十分活跃的鲨鱼，不像大型的远洋鲨鱼具有侵略性，并不会对潜水人员构成威胁。可是，如果我们用鱼叉攻击其他鱼，令它们流血的话，哪怕水中百万分之一的血分子也能令镰状真鲨的头左右晃动，疯狂活跃起来，更变得极具攻击性，因此它们也是有潜在危险的鲨鱼。我暗叹，这貌似可爱海豚的家伙，其实也有着危险的一面，真的不可以貌取"鲨"。

乌翅真鲨
Blacktip Reef Shark

　　来古巴之前，我只是在水族馆看过乌翅真鲨，它的胸鳍和背鳍顶端呈黑色，下部白色，不难鉴别。它们生活在热带及温带海域，大多分布在加勒比海珊瑚礁附近浅水区，以猎食珊瑚礁鱼类为主，在古巴潜水看到的概率很大。它们身体上半部的皮呈褐色，最长可达3.5米，前端呈圆钝状。有一种被称为灰珊瑚鲨的鲨鱼，外形与它很相似，但其拥有较粗壮的灰色身体及没有黑端的背鳍，所以还是很容易分辨它们。由于乌翅真鲨体型较小，所以对人类并不构成威胁。就像我们知道狗生气时会有特殊表现，鲨鱼亦如此，当它们感觉到危险时，也不会立刻咬人，它会弯下腰，放下胸鳍，再抬起头，先给一个警告。如果用手喂食或以矛捕鱼，加上从高处接近它们，都会令鲨鱼感到愤怒，可能会用力甩尾巴，或露出它的横侧面，然后开始进攻。除非是感到愤怒，否则它们是无害的。一般鲨鱼的行为有典型的社会性，族群也有完整的结构和等级。乌翅真鲨并非群居鲨鱼，比较喜欢单独出没，而且它们天性都是较害羞的，所以，并不容易拍到它们的近照。这次在古

乌翅真鲨，胸鳍和背鳍顶端呈黑色，下部白色

巴，我也是偶尔遇到几次乌翅真鲨，距离都在3米之外，所以闪光灯基本上没有作用，拍摄的效果也就一般。但是能够有机会现场识别一下不同类型的鲨鱼，也是一种难得的体验了。

铰口鲨
"山姆"

古巴之行，让我大开眼界的要数一条名为"山姆"的铰口鲨，它是这片水域名副其实的明星。早在马尔代夫夜潜时，我就已经见识了成群的铰口鲨，所以，起初在这个鲨鱼成群的海域，它并没有成功地吸引我的注意力，直到向导告诉我，铰口鲨"山姆"并不是一条普通的铰口鲨，这个笨笨的家伙，常年和佩氏真鲨一起活动，已被当地潜水员所熟知。这种白天出行且和其他种类的鲨鱼混居的铰口鲨，十分罕见，它更有了自己的美名"山姆"。这种爱称，让我想起了帕劳蓝角的波纹唇鱼"大宝"。

每一个到此的潜水员，都会看到"山姆"的身影。作为夜间生物，它反其道而行，白天不在岩洞里午睡，也不和其他铰口鲨群居生活，而是和一群佩氏真鲨混居，它似乎已经忘了自己的属性，全然没有了铰口鲨的优雅和安静，变得贪吃、好动、活跃，极具喜感！每一次潜导带着铁皮箱子入海，"山姆"也总是凑热闹，如狼似虎一般，和佩氏真鲨一起抢夺食物，更围在铁皮箱子四周不肯离去。为了展现它贪吃的憨态，潜导有一次故意把铁皮箱子拉开了一个小小的口，没有完全打开，这可愁坏了"山姆"，我看到它围着箱子打圈圈，一会儿用嘴去拱箱子，一会儿索性把头整个埋在箱子底下，以有力的胸鳍企图把箱子翻个底朝天。当然，最终的结果，都是费力不讨好，把自己累得趴在箱子上，毫无形象可言。也许对于古巴的潜水员来说，"山姆"早就演变成为一条"披着护士鲨外衣的佩氏真鲨"。

铰口鲨"山姆"和向导

我的鲨鱼朋友

拱铁皮箱寻找食物的铰口鲨"山姆"   累得趴在铁皮箱上的铰口鲨"山姆"

在古巴的这一周，与鲨鱼朝夕相处，对几种鲨鱼有了仔细的观察和比较，真实地体会到了不同种类的鲨鱼性格的差异，和同一类型的鲨鱼的个体差异。相比镰状真鲨的好奇活泼，佩氏真鲨显得羞涩而含蓄。铰口鲨家族中的成员"山姆"，它俨然脱离了自然赋予的属性，走上了个性迥殊的航道。像文章中开篇的"弗洛伦斯"一样，它有着独特的个性、行为方式和生活习性。我也相信，在现有的530多种鲨鱼中，从小到只有手掌心大的侏儒角鲨，到长达十几米的大型鲸鲨，每种鲨鱼都不一样。这对我日后记录和了解鲨鱼产生了很大的影响。

谢谢你们，我的鲨鱼朋友们！

扫一扫   扫一扫

迥异的性格   铰口鲨"山姆"

鯨鯊

第六章

温柔的
牢笼

鲨鱼在海洋中称霸了4亿多年。从奥陶纪末期到白垩纪末期（4.45亿~6600万年前），一共经历了5次生物大灭绝，连陆地的优胜王者——恐龙，也在最后的灭绝中难逃一劫，然而鲨鱼在演化的竞赛中挣扎求存，并凭着超强的适应能力存活至今。它们的族谱琳琅满目，比陆生物种的诞生更为久远。而人类的出现，无疑为鲨鱼的生态环境和捕食本能带来翻天覆地的变化。随着人类对海洋的认识逐步深入，人类和鲨鱼慢慢形成了一种独特的关系——圈养（散养）。人类通过定时定点喂饲鲨鱼以满足观光旅游和消费目的。虽然，我们没有在海中拉上一道网，限制鲨鱼的自由，但鲨鱼因为能够更方便地获取食物，改变了原有的习性和迁徙、捕食等本能，停留在固定的区域，成为旅客镜头下的"宠物"。

很多人也许会问，在全球的鲨鱼保育区，包括前面提到的斐济太平洋港低鳍真鲨保护区，同样也是以喂饲方式吸引众多的游客，有何区别？所以，在这里，我们需要先梳理清楚，鲨鱼保育区和商业旅游区的鲨鱼喂养有什么不同。首先，前者一般为政府或者研究机构所设立，具有规范的管理和科学的监控；而后者，均为商业机构投资，虽有当地政府的监管，但不具备科学研究和保护的价值。其次，目的不同，前者（保育区）的目标是对鲨鱼进行研究和保护，所以，潜水体验和水下喂养的前提，是建立在对每一条鲨鱼的记录和跟踪之上。潜水活动的收益，需要继续投入保护区的工作。更多的资金来源，是依靠政府的扶持和社会力量的资助。而后者则是纯粹地以获取商业利益为目的。最后，鲨鱼保育区针对鲨鱼迁徙的习性，只在特定的时间投喂食物，这些食物的摄入，不足以满足鲨鱼对食物的全部需求，对鲨鱼的迁徙、捕食等自然习性的影响和限制降至最低。而被"圈养"的鲨鱼则不同，这些鲨鱼长期被喂食大量的食物，从而改变了生活习惯，失去了捕食的能力，并停留在固定的区域，被一张无形的大网笼罩。

在全球跟踪与记录鲨鱼多年，我发现了多处鲨鱼的"牢笼"，其中马尔代夫的铰口鲨和菲律宾奥斯陆的鲸鲨喂养最为突出。

1

马尔代夫的铰口鲨

2016年4月之前，我曾经先后四次来到马尔代夫，从观光客到潜行者，从摄影师到纪录片导演，我的身份逐渐转变，一步一步深入地了解这片海域。十多年的岁月流转，在全球升温以及经历过海啸来袭后，这个印度洋的明珠已经不复从前。我看到过马尔代夫的海底繁荣，那些形貌昳丽的珊瑚礁已经慢慢地衰退，留下白化残骸，触目惊心……

珊瑚白化

但比起这些自然灾害导致的变化，让我更为忐忑不安的是，人类对海洋的欲壑难填，我们对大海和海洋生物的索取，使生态系统出现了难以逆转的疾笞。在这里，我慢慢听到了马尔代夫铰口鲨的内心独白。

潜水员近距离观察铰口鲨

夜晚在水面游动的铰口鲨

　　安利马塔是马尔代夫群岛的一座岛屿，三十多年前，岛上的度假村坚持每天傍晚投喂铰口鲨食物。渐渐地，铰口鲨每日如约而至，从不缺席。安利马塔也因铰口鲨夜潜名声在外，成为马尔代夫必经潜点，每天都有大量的潜水员、旅行者慕名而来，希望近距离和铰口鲨同游。2014年，我在这里第一次目睹数以百计的铰口鲨聚集的场景，着实有点不知所措，但还是难掩内心的兴奋，这样亲密地和大型海洋生物接触，是很多人的梦想。世界各地的潜水员纷纷在社交媒体分享视频、图片，展示着自己和铰口鲨的亲密接触……

　　之后，我多次回到这里，希望了解它们生活的现状，做一部纪录片。我找到了守护马尔代夫二十年的潜导亚希尔（Yashir），听他讲铰口鲨的故事。他遗憾地告诉我，这里铰口鲨被人类侵扰的事件频频出现。除了种种触摸、玩逗鲨鱼的情况，度假村投喂食物之外，一些水上运动中心为了吸引鲨鱼，会将鱼食装进矿泉水瓶中，在带领潜客下水时，把水瓶里的食物作为诱饵，吸引鲨鱼靠近，为至上的客人带来近距离的视觉感受，也让热爱摄影的人满载而归。但这种行为导致不少铰口鲨因为吞下水瓶而死。

我决定再次潜入海底，去记录它们生活的现状。残阳依山，余晖刚好能够照亮出行的海域，潜伴们都神色期待，而我也憧憬着和铰口鲨重逢的感觉。可是和亚希尔的交流，在我心中留下了一道沟壑，添了数分忧虑。海洋原本就是它们的领地，我们不过是过客。可是通过投喂食物，我们把它们的家设计成

和潜导亚希尔交流

娱乐秀场。剧场里围绕着层层观众，在闪光灯的光影下，铰口鲨开始乐此不疲地在舞台上表演，搅动起满地尘土，和潜客擦身而过，寻找食物……铰口鲨十分兴奋，原本难求的珍馐现在张口可得，它们忠诚地在人群里摆舞，短浅的嘴缘，健硕的胸鳍，修长的尾巴，近在咫尺，颗粒状的皮肤沾上了狂舞后的尘埃。

夜晚在珊瑚礁寻找食物的两条铰口鲨

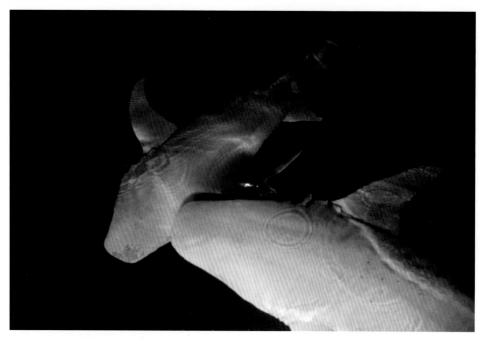

夜晚在水面游动的两条铰口鲨在亲切地交流

　　出水的时候，夜已渐深，仍有不少潜船纷至沓来。安利马塔岛屿附近的海面，聚拢着十几艘船只，大家打开船底的华灯，因为他们早已洞悉铰口鲨的习性，船工和潜水员守候在船尾，等待它们投怀送抱。游客纷纷把食物扔到海中，看着铰口鲨笨拙地获取食物。船只周围又成了一个个秀场，平静的海面时不时因为铰口鲨的狂舞掀起一波波浪。我拿起相机，想记录这些池中之物，但透过镜头，我看到了这些海洋生物，如同马戏团中被驯化的动物卖力地表演，又像那些摆尾装萌的宠物，摇头晃脑地乞讨着食物，仿佛失去了灵魂。我的心，在热闹纷乱的情境下，变得冰寒战栗。

　　这是我第一次没有亲近它们的欲望。收起相机，无奈在心头间涌起，这都不是我想见到的鲨鱼，也不是我期待的遇见。

2
菲律宾奥斯陆的鲸鲨

无独有偶，鲸鲨有着同样的困境。

鲸鲨，是全世界最大的鲨鱼，也是最大的鱼类。身长最大可以达到20米，和一艘船只不相上下。这种生物拥有一个宽达1.5米的嘴巴，但这样的一个巨兽，其实是一个温柔的巨人，性情非常友善。它们的大嘴不是用来威胁人类，而是为了让它们连续几个小时在海面滤食浮游生物、磷虾和小型自游生物。它们的背部为灰蓝色或淡青色，镶着浅色条纹和白斑，在斑驳的海水中，如同星星闪烁，所以，印度尼西亚的爪哇人称呼鲸鲨为"背部拥有星星的鱼"。

背部拥有星星的鱼——鲸鲨

在海中近距离拍摄鲸鲨（摄影师：钱博深）

　　鲸鲨在全世界洄游，在菲律宾的分布密度最高。菲律宾有一个小镇和挪威的首都同名——奥斯陆。它位于宿雾岛的南部，包含了21个村落，其中有一个村落名为滩阿弯村，这里的村民通过喂养鲸鲨，让鲸鲨成为当地观光旅游的一个重要项目。很多游客从杜马盖地，或者薄荷岛前往此处，和世界上最大的鱼类——鲸鲨同游。

　　最初，当地的渔民以微小浮游动物樱花虾（Sergestid Shrimp）做捕鱼的鱼饵，他们发现鲸鲨总会来偷吃鱼饵，让他们一无所获。所以，渔民就开始向鲸鲨投石头，驱逐它们离开。后来，滩阿弯的渔民发现，他们可以在捕鱼范围之外，投喂少量的樱花虾把鲸鲨引开。一位韩国度假村的老板知道了这件事，他尝试付钱请当地渔民给鲸鲨投喂食物，把鲸鲨引到潜客面前。奥斯陆的鲸鲨喂养活动就这样开始了。

鲸鲨旅游业

　　2011年12月，英国《每日邮报》刊登了西方所谓"环保摄影师"所拍的照片——《奥斯陆男生骑鲸鲨》，一夜之间，滩阿弯小村的鲸鲨旅游业就蓬勃兴起了。

一个非营利组织在菲律宾设立了大型海洋哺乳动物研究所，通过在奥斯陆对鲸鲨喂养行为的跟踪，总结提出了四个极力反对奥斯陆鲸鲨潜游的原因。

第一个原因

潜游造成人类和鲸鲨不适当的接触和互动。鲸鲨在菲律宾受到9147法案的保护，此法案旨在保护菲律宾的野生动植物资源和栖息地，禁止一切不善待生物的行为。一个长期监测奥斯陆鲸鲨与人类的互动行为的项目，通过3849分钟的监测数据，记录到人类有1823次对鲸鲨进行"主动接触"。这相当于每小时鲸鲨被人类触碰了29次。而大部分的接触都是村民在渔船上喂食鲸鲨时发生的，他们用脚踹开鲸鲨，避免鲸鲨过度靠近，同时把食物倒进鲸鲨的嘴里。有时候，鲸鲨为了获得食物会频繁靠近，但是，为了让下一批游客有机会近距离看到鲸鲨，喂食者会驱赶它们，并作出主动甚至有伤害的接触。

第二个原因

鲸鲨因为习惯被改变而受到了伤害。在奥斯陆被喂养的鲸鲨形成了一种惯性：靠近船只和人类就意味着有食物。所以，它们在海洋巡游时，失去了躲避船只的本能，相反会因为靠近船只而遭遇不测。另外，和人类频繁的接触让它们感染了许多人类携带的细菌。根据项目统计，所有新到奥斯陆的鲸鲨身上都没有伤痕，但只要在这里停留不到一周的时间，身体上就会有伤疤，这是由于不断碰撞船只导致的。

第三个原因

生物习性。鲸鲨是一种洄游物种，它们会跟随季节性聚合的浮游生物而改变迁徙路径。而且，它们擅长长途迁徙，要穿越不同的国家和地区。在自然环境下，鲸鲨在奥斯陆应该只停留两个月左右。但是，当地渔民通过食物的诱饵，使鲸鲨的洄游习性得以改变。2013年，一头名为"憨豆先生"的鲸鲨就创造了最长的停留纪录——392天！这种改变迁徙模式的结果，影响了生态圈的循环，使物种无法履行交配繁殖的天职，直接影响了物种的存亡。

第四个原因

身体健康因素。除了繁殖，鲸鲨迁徙的重要原因就是获得各种营养丰富的浮游生物，单一的饲料，很难满足鲸鲨均衡的营养需求。在自然情况下，奥斯陆海域包含了12种不同类型的浮游生物。当这些环境中原有的食物耗尽之后，渔民就只能从周边的岛屿采购饲料作为替代。但这些饲料却只包含大约5种不同种类的浮游生物。而且，很多饲料需要从几百千米之外的海域运送过来，途中营养已发生了损耗，更增加了人为污染的风险，这些都给鲸鲨的健康留下了隐患。长时间单一的营养来源，让奥斯陆的鲸鲨逐渐变得营养不良。

加拉帕戈斯海域的鲸鲨

我的鲨鱼朋友

董索（Donsol）小镇

　　菲律宾另一个小镇董索（Donsol）和奥斯陆一样，同样给予游客近距离接触鲸鲨的机会，但对鲸鲨来说，这两个地方一个是天堂，一个是地狱。董索顾及鲸鲨承载力的问题，在发展观光的同时，并没有改变鲸鲨的习性和行为。由于特殊的地理环境，这里是鲸鲨洄游的必经之地，对鲸鲨繁衍有着重要意义，在这里可以看到在野生环境中生活的鲸鲨。而奥斯陆通过人为的方式改变鲸鲨的生活规律，对鲸鲨甚至其他鱼类造成不可估量的伤害。

　　每一个海底探索者，都期待和海洋生物亲密接触，但我更希望的是在原生态的海底，和这些海洋生物不期而遇，看它们拱动嘴缘，自由猎食，带着羞涩离开。这才是鲨鱼原有的姿态，应有的本性。

　　人类建造的温柔的牢笼，为了满足个人的渴望，令其他物种失去生存的本能，成为我们的宠物。鲨鱼的圈养成为现代旅游项目的一部分，有人说这是一把鱼

张嘴捕食的鲸鲨

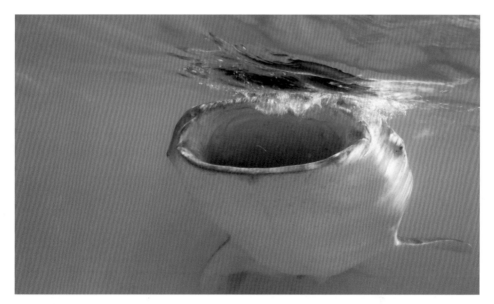

张嘴等待投喂的鲸鲨

饵的诱惑，是度假村的谋生之道，有人说这是现代海岛旅游的新业态，更有人认
为这是商业文明的进化。不论如何，金汤已固，疏而不漏。每一次，游客们乘兴而
来，尽兴而归，织下一张无形的大网。在海洋和商业文明的冲突下，海洋早已被迫
妥协，也许人类会以很长的时间来检验其中的利弊。当地渔民曾以朴实的智慧，令
一个海岛渔村繁荣昌盛，并与鱼类保持着互相信任、共存的关系。而现在世界的消
费模式变得急功近利，摒弃了守护自然的重要角色。我们必须重视思考方式的变
化，用更健康、更长远的方式去审视海洋的繁荣。我想用蕾切尔的《大蓝海洋》作
为本篇的结尾，来思考海洋在历史中的角色："在神秘的过往时光，它环抱着所有
生命幽暗的起源，而最终，在这些生命经历了可能的各种变形之后，它也会接受它
们的残骸……"

扫一扫　　　　扫一扫　　　　扫一扫

鲨鱼的隐患　　　鲸鲨　　　奥斯陆鲸鲨的等待

无沟双髻鲨

第七章

鲨鱼的
真相

哥斯达黎加，这个遥远的南美洲国家，位于活跃的火山带，拥有大量的热带物种，原始的珊瑚礁系统，是超过500种鱼类的家园。双髻鲨是丰饶海岸的标志，前文提及的低鳍真鲨、镰状真鲨、铰口鲨也在这里的海域生活。哥斯达黎加对我和这些远古的生物，也有着非凡的意义，如果鲨鱼真的有长期记忆的话，不知道它们是否记得那位海洋动物保护者的非凡故事……

1
罗伯和《鲨鱼海洋》

2017年年初，国内外海洋爱好者都沉浸在一种悲伤而焦灼的气氛中，纪录电影《鲨鱼海洋》的导演，水下摄影师罗伯·斯图尔特于1月31日在美国佛罗里达州伊斯拉莫拉达岛附近的海域进行水下拍摄后失踪了。虽然，政府和很多民间志愿组织在第一时间组织了20多艘快艇和船只紧急搜寻，可是，三天过去了，依然没有任何消息。大家越来越焦虑，除了祈祷罗伯可以平安归来，我们不知道能做什么。不幸的是，奇迹并没有发生。我们只等到了噩耗：罗伯的遗体在海底被找到了，他永远离开了我们。

罗伯和《鲨鱼海洋》

《鲨鱼海洋》这部纪录片，揭露了有关鲨鱼的种种谎言，促使不少国家增加有关鲨鱼的法律，也令鲨鱼一直以来被影视作品所塑造的"凶残、暴虐、杀人"的错误形象得以平反。影片娓娓道来，让观众了解鲨鱼作为顶级捕猎者，控制着生态系统的结构和运行，如果系统中的顶级物种被消灭，根深蒂固的生态结构和食物链也会受到彻底的影响。此外，拍摄团队也冒险揭发了捕鲨行业及其背后的政治腐败，由于鱼翅交易所带来的暴利，大批鲨鱼被捕杀，鲨鱼的数量以惊人的速度锐减。在哥斯达黎加，罗伯与猎杀鲨鱼的船队用水炮"交水"对峙，被哥斯达黎加政府逮捕，以"企图谋杀"的罪名软禁。他逃脱后，将拍摄下来的素材公之于众，让世人对鱼翅的黑色产业链有所了解，举世哗然。

在罗伯身上，我看到自己的影子，也找到了自己的方向。我们同样热爱海洋，热爱记录，同样痴迷于鲨鱼。罗伯把鲨鱼比作"最后的恐龙"，二者分别是海洋和陆地的霸主，恐龙在白垩纪的大灭绝中退出舞台，结束了1.4亿年的统治，而鲨鱼仍然在这个星球上，与我们同在。上天创出这种优生的物种，不是没因由，它们掌控着海洋，甚至陆地生态的命脉。可是，当我们还是孩子时，我们就被告知鲨鱼是危险的，让我们远离深海。但鲨鱼袭击人致死的概率远比大多数人想象的低很多，《鲨鱼海洋》里有一组数据统计了不同物种或不同情况每年导致人类死亡的平均数量。

物种/情况	每年导致人类死亡的平均数量
鲨鱼	5
大象和老虎	100
违禁药物	22 000
交通事故	1 200 000
饥饿	8 000 000

我们很难说服别人保护自己害怕的生物，但事实上，世界每年平均有10个人死于鲨鱼之口，而全世界每年有2亿条鲨鱼因为人类而死，当中超过1亿条鲨鱼因鱼翅消费而死，在巨大经济利益的驱动下，鲨鱼遭到了诞生以来最大的生存危机。在530多种已知的鲨鱼种类当中，有100种目前正受到威胁，某些已减少到原有数量的1/10。鲨鱼需要我们不带偏见的关注和保护。如果所有鲨鱼都消失，整个海洋生态系统会在短短几年内瘫痪。

　　在影片《鲨鱼海洋》中，罗伯采访了一位研究鲨鱼的生物学家埃里希·比特尔（Erich Bitter）博士，埃里希说："鲨鱼几乎是不咬人的，事实上，吓跑它们比吸引它们要容易得多。"而罗伯随机在海边采访的一些路人，却给出了不同的答案，他们认为鲨鱼是海洋的祸害，伤害了人类，但人类并没有咬它们。这样巨大的认知差异，成为我们和鲨鱼的鸿沟。我们也许不咬鲨鱼，但我们食用鲨鱼。我们撕破鲨鱼的颌骨，用刀砍下它们的鱼鳍，任由它们在海底挣扎数小时至数天后，因为无法游动而不能捕食，咽气而死。"我不杀伯仁，伯仁却因我而死"，也许是最真实的表达。

　　鲨食人？还是人食鲨？这是我一直在寻找的答案，也是罗伯一生都在试图帮助人类认清的事实。因为他的原因，2016年，我决定前往哥斯达黎加，去创作纪录片《鲨鱼的真相》。罗伯在这里用了5年的时间，冒着生命的危险，记录下了当地政府和"鱼翅黑手党"的所作所为，唤醒了哥斯达黎加人乃至全世界民众守护野生动物的意识，自此世界上遍布保护鲨鱼的呼声。

2
潜行鲨鱼
的天堂

　　我前往的目的地是可可岛，这里曾经发生过不少鲨鱼被害的事件，但在罗伯和其他人的共同努力下，这里重新被誉为"鲨鱼的天堂"。可可岛位于哥斯达黎加沿岸以南600千米的海面上，面积只有24平方千米，是一个不起眼的太平洋小岛，从最近的码头航行到岛上也需要近40个小时，所以，很少有人会到这里休闲旅游，这里曾是17世纪海盗的休息站。苏格兰作家斯蒂文森的小说《金银岛》就是以可可岛作原形，讲述了18世纪中期英国少年得到传说中的藏宝图，前往金银岛探险并智斗海盗的故事。如果看

出发前往可可岛的登船码头

在可可岛潜水船只上

过这部小说，我们会遐想这个无名小岛藏满宝藏。几个世纪以来，可可岛与世隔绝的地理位置有助于摆脱任何海上监控和追踪，成为南美洲海盗们一个颇有吸引力的避风港。从19世纪开始，全世界的寻宝者不断搜集藏宝图前往可可岛，带回各种宝藏，但是，他们不知道，可可岛最珍贵的宝藏，是被藏在海平面之下，卓越而举足轻重的海洋生物——鲨鱼。这是我离家数千千米所寻找的宝藏。

去往可可岛的航线海况非常恶劣，38个小时的航行中，海上狂风暴雨，浪高达数米，甲板被海水无数次冲洗，全船的人都躲进了船舱呕吐。在没有网络的世界里，和大自然的接触变得深刻了许多。除了听风看雨，再无其他娱乐。我裹着被子，找了一个椅子躺在二层甲板，世界安静得只剩下风和浪，内心充满期待，我知道海浪的前方，将会有我向往多时的相遇！在航行途中，船上分享了一部可可岛的纪录片《鲨鱼岛》（Island of Sharks），船员也乘机给我们科普一下可可岛的水下生态和潜水规则。听下来，最重要的一点就是水流较大，每一次下潜都是放流潜，我们将通过水流的运动从一个潜点到另一个潜点，并要求负浮力直接入水。因为可可岛潜水难度很高，容易发生潜水员丢失的情况，船上工作人员给每位潜水员一个特定编号的GPS定位搜救器。我反复学习它的操作，毕竟这是救命的法宝，虽然谁也不想有用上它的机会。船员也带来了一个坏消息和一个好消息：坏消息是水温很低，大概19℃；好消息是低温带来了大量的双髻鲨（Hammerhead Shark），几百条双髻鲨会包围我们，鼬鲨也会近距离靠近我们。听到这里，我只觉得热血沸腾，心早已经飞向那个遥远的小岛了。

可可岛虽然很小，但是这里的水下生物极其丰富。除了灰三齿鲨、双髻鲨和直翅真鲨，石纹电鳐、巨型海鳗、旗鱼，海龟、甚至鲸鲨也是这里的常客。近年更有一些鼬鲨加入了这个可爱的小岛，成为海底明星之一。据统计，可可岛水下有

五线笛鲷鱼群

30多种珊瑚，60种甲壳类动物和300多种鱼类，其中至少有27种鱼类属于当地特有，包括富有异国情调的达氏蝙蝠鱼。尽管如此，鲨鱼，依旧是可可岛的象征。在古巴的女王花园群岛，每一次下潜都有机会看到鲨鱼。在这里，我只能说，我们没有一次下潜不被鲨鱼包围。在这里，我们就如同进入了鲨鱼的巢穴，每一次下潜都会遇到上百条双髻鲨、灰三齿鲨、乌翅真鲨，宛如在鲨鱼的风暴中前行，荡魂摄魄。因为海流强大，岛屿附近可以下潜的潜点并不多，记录了一周，我发现脏岩石（Dirty Rock）和玛穆丽塔（Mamuelita）是两个非常好的潜点，我们也在这里多次下潜。这里确实是看双髻鲨最好的区域，不论是能见度还是鲨鱼的数量和品种，都堪称最佳。但是，还有一个潜点阿米戈斯（Amigos），虽然没有鲨鱼，但非常独特，这里有一个美丽的蓝洞，栖息着许多大理石鳋鱼，在蓝洞下像无数个斑纹奇趣的剪影。

角镰鱼鱼群

双髻鲨是可可岛的招牌，这里是全世界欣赏双髻鲨的最佳地点。这种迁徙性鱼类，每当季节更替的时候，会组成浩浩荡荡的迁徙队伍，开始漫长的海底旅行。夏天，它们游到温带海域避暑；冬天，它们游到热带海域越冬。在可可岛，7月到11月，是双髻鲨队伍聚集的时间。双髻鲨的名字源于它独树一帜的外形，头的前部向两侧突出，各有一只眼睛和一个鼻孔。它们的头部是大型的感应系统，能侦测水流和探测电磁场，让它发现藏匿起来的猎物。双髻鲨在水中游动时，摇头晃脑，饰怪装奇。但一直以来，它们被认为是可怕的食人鲨类，因为每年都有双髻鲨袭击人类的事件发生。当我们接触成群出行的"双髻鲨风暴"，是否会受到伤害呢？同行的美国摄影师安迪八次来到可可岛，第一次是1998年。在他的计算机里，我看到了一场场双髻鲨的盛宴。我和他探讨了可可岛这20多年的变化，他笑笑，说双髻鲨少了很多，我几乎无法想象20多年前他在这海底的所见所闻。但我不需要去询问，他是否在这里遇到过危险？双髻鲨是否对他造成过威胁？什么样的经历会让他在过去的20多年内八次重返故地？答案显而易见……事实上，双髻鲨只有在受到惊吓时才会有极端行为。如果人类不用鱼叉向它挑衅，双髻鲨是不会伤人的。我们可以说出"兔子急了还咬人"的俗语，却无法接受海洋巨兽在极端情况下鲜有的过失。在可可岛，几乎所有的潜点都可以看到双髻鲨，但是最好的应该在脏岩石，这里有一块海底岩石。我的潜伴来自土耳其，下水前就向我透露了这里是他的最爱。他已经是第四次来可可岛，对于他的判断我毫不怀疑。但是，当我进入水下之后，我才能体会他眼中闪烁的期待。这里是双髻鲨和其他生物的天堂，上百条双髻鲨在头顶游走，鲹科鱼类也盘旋成为"鱼风暴"，海豚也会光顾我们的身边，留下清脆的呼叫声。这种感受奥妙无穷，如同全景3D的海底巨幕。我举起相机，却有了无所适从的感觉，因为当你选取了一个角度，便瞬间错过了另一幕好戏。

双髻鲨，是可可岛的招牌

在水中游弋的路氏双髻鲨

　　另外一个有利于观察双髻鲨的潜点叫曼努埃拉（Manuelita），是位于脏岩石旁边的一块海底沙地，深度大约为32米。成群的双髻鲨会盘旋在沙地之上，和脏岩石不同的是，这里没有热闹的海底风光，没有成群结队的鱼。洁白的沙铺在幽暗的海床上，与双髻鲨悠悠荡荡的身影相映成趣。为了避免干扰它们，我们留在沙地附近的岩石后，时不时也有一些双髻鲨好奇地探看我们，留下一个华丽的转身。在可可岛我们看到的双髻鲨其实是路氏双髻鲨（Sphyrna lewini），是三种常见的双髻鲨之一。另外两种是无沟双髻鲨（Sphyrna mokarran）和锤头双髻鲨（Sphyrna zygaena，俗称"平滑锤头鲨"）。这三者的区别在于头部前缘的形状：平直而中间凹入的是无沟双髻鲨；外曲而中间凹入的是路氏双髻鲨；凸出而中间不凹入的是锤头双髻鲨。往后，我在巴哈马遇到了无沟双髻鲨，也在加拉帕戈斯再次和路氏双髻鲨相遇。我记录了不同的故事，不同的结局，虽然无法避免有悲情的故事，但当下，我的感受是美好的。

巴哈马海底沙地游动的无沟双髻鲨

不知从什么时候开始，几条鼬鲨混入了迁徙的双髻鲨群。这是近几年当地向导意外发现的变化。这种最具有攻击性的大型鲨鱼，成为可可岛的一个新物种。鼬鲨以性情凶猛且贪婪著称，几乎可以吃任何海洋中的动物。我与鼬鲨的初遇就在可可岛的曼努埃拉潜点，成群的路氏双髻鲨在沙地游走，我在岩石边静静欣赏的时候，一条巨型鼬鲨毫无征兆地迎面而来，潜导"叮叮叮"地敲瓶，提醒所有人注意，可它已离我近在咫尺，直到它从我身边安静地离开，我才开始回忆它虎皮斑纹的身体，健硕的体型，它的气势是如此的摄人魂魄。以后每次到这个潜点，我们都会期待鼬鲨的出现，它们也从来没让我们失望，而且它们不像双髻鲨那么敏感，会主动靠近我们。我的身体也真实地告诉自己，对于这种具有攻击性的大型鲨鱼，我已毫无恐惧。但直到2019年，我追寻鼬鲨到达巴哈马的虎滩，与它们共处数日，才真正了解了这种生物的习性，它们比我预料的聪明多了。

最具有攻击性的大型鲨鱼——鼬鲨，是可可岛的一个新物种

两条灰三齿鲨夜晚出来觅食

　　在曼努埃拉，晚上还有一场压轴的节目。夜幕降临，成群的灰三齿鲨开始在珊瑚礁觅食，巨型的黑体鲹（Black Jack）与灰三齿鲨抢夺食物。这个场景，在大型海洋纪录片《蓝色星球》已出现过。灰三齿鲨体型较小，性格温和，所以并不是对人类有威胁的物种。它们广泛地分布在各大海域，十分常见，但在这茫茫的夜色下，几百条灰三齿鲨，眼睛炯炯生光，让我们仿佛置身于狼群之中。猎物出现了，灰三齿鲨狼吞虎咽地抢夺食物，扭动着身躯厮打，更有黑体鲹乘虚而入，场面十分震撼。置身其中，我第一次近距离感受到食物链顶层生物的疯狂，虽然它们对我们毫无兴趣，旁若无人地从我们身后、脚底、头顶无数次滑过，无视我的存在，继续它们激烈的猎食游戏，但这海底围猎的场景依旧让我热血沸腾，不是因为恐惧，而是出于对这些顶级食物链生物的力量和速度的惊叹！

夜晚觅食的灰三齿鲨

黑体鲹和灰三齿鲨抢夺食物

除了鲨鱼，我对当地一种特有物种——达氏蝙蝠鱼十分感兴趣，为了探访这位在海底漫步的朋友，向导单独带着我前往潜点乌罗亚岛（Ulloa Island）。这里有一个31米深的海底沙地。由于我这一周常在较深的海底记录鲨鱼，向导只给我10分钟的拍摄时间，而根据潜水表的计算，在31米深的海底我只有不超过10分钟的免减压时间，这意味着我要在10分钟之内完成搜寻和拍摄。为了增加成功率，下水后，我和潜伴快速下潜至底部，一字排开，地毯式搜索。不到一分钟，向导兴奋地敲响丁丁棒，顺着他的电筒方向，我第一次看到了这个书本上才见过的"四不像"，一个鱼头蟹形，烈焰红唇，满脸"胡须"的家伙。它那明亮的，几乎带有荧光的红唇高高嘟起，耷拉着嘴角，总是一副不屑的样子。我们兴奋地把

达氏蝙蝠鱼

鱼头蟹形，有烈焰红唇，满脸"胡须"。以四只腹鳍和尾鳍撑起了像螃蟹一样扁平的身体，游动时尾鳍变成后腿，配合棘状的背鳍来回摆动。

达氏蝙蝠鱼

它围着，近距离看它一张一合的红唇，娇嫩欲滴，可偏偏胡子拉碴的，毁了一副浓妆。在沙砾间走动的达氏蝙蝠鱼，显然不如游动起来灵活，没踩稳石头的它，一不留神"脚"滑侧倒，慌忙立稳后，又嘟起高傲的红唇，如贵妇顶着满身沙尘，依旧保持优雅，活脱脱一个海底喜剧演员。

在可可岛的每一天，我们都有惊喜，都有收获，每一天都可以和老朋友鲨鱼共游。变化无常的海流有时候会让我手足无措，只能依靠岩石缝隙固定自己的身体，无法记录和拍摄，但即使如此，能看到鲨鱼蜂屯蚁聚地游走，也让我无比满足和感动。最后一次下潜，向导问我们想去哪儿？所有人都回答"曼努埃拉"，我们希望和相处一周的双髻鲨们正式告别。出水之前，我看到它们跟随着我们游到了5米的浅水区，一直盘旋在我们的脚底，也许这只是偶然，但我更愿意相信，这是我们之间的感知，一种无法用科学和理性去解释的必然。

结束了可可岛的记录和拍摄，又是38小时的海上航行，夕阳悄悄下沉，红霞满天，虽然没有信号，还未能分享照片和喜悦，却有一种莫名的充实填满了我的内心。那是我在海洋中，在鲨鱼身上获得的满足。我想赶快回到北京，回到我的工作室，完成纪录片《鲨鱼的真相》。

3
鲨鱼的真相

纪录片完成后，我带着它来到了北大百年讲堂，参加了CC讲坛，分享的开篇就是这部来自哥斯达黎加的纪录片《鲨鱼的真相》，而分享的目的，就是以一个摄影师的第一视角，一个当事人的真实感受，一个从害怕到热爱海洋的女生的

潜水员和佩氏真鲨

平凡故事，去告诉大家一个真相——它们不是食人鲨。大多数鲨鱼不会主动靠近人类和发动攻击，世界上只有少数几种鲨鱼会攻击人类，包括我曾经近距离接触过的鼬鲨和低鳍真鲨。而且大部分伤人的惨剧，出现在鲨鱼的领地被侵犯或者人类以错误的方式与鲨鱼互动时。在一般情况

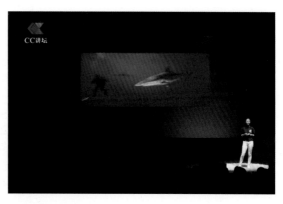

在 CC 讲坛演讲

下，鲨鱼咬人类也只是出于好奇和试探，而不是饥饿的它们对人肉有兴趣。我希望更多的人知道，鲨鱼不是和我们毫无关系，鲨鱼和我们一样，拥有极高的思考能力，也是顶级的掠食者，它们影响着海洋食物链上的生物，对整个海洋生态系统起着举足轻重的作用。它们捕食鱼类、浮游生物、软体动物、甲壳动物、蠕虫、棘皮动物、鲸类、海龟等海洋生物。它们的数量是衡量海洋生态健康程度的指标，因为它们汰弱留强，消除食物链低端衰退的物种，维系着海洋中的生态平衡。如果有一天，鲨鱼从海底世界消失了，那么整个海洋生态系统也面临着崩溃和枯竭。当部分生物过度繁殖，浮游生物大量减少，珊瑚礁灭亡就变成了必然，到时候连土地上的植物甚至我们呼吸的氧气也可能会受到影响。

　　2017 年，罗伯魂归他热爱的大海，给我留下的除了深深的遗憾，更有必不可少的任务。跟随着罗伯的步伐，我继续前行，踏上了追寻鲨鱼的旅途。保护大海任重而道远，我也许没有罗伯的过人之力，也没有惊天动地的事迹，但每个普通的人都可以为保护鲨鱼贡献不同的力量。我有故事，你有见识；我有相机，你有笔墨。在这个星球的海面之下，我们守望相助，一起和这种远古的生物和睦相处，难道不好吗？

扫一扫

可可岛的鲨鱼

和女儿在美娜多潜水拍摄留影

第八章

女儿和
鲨鱼

1
我和女儿

从2011年开始，我的身份忽然变得复杂，我成了三个孩子的母亲。突如其来的变化，改变了我的人生轨迹。从一个独立自主的新女性，转变成勤劳奉献的母亲。我曾经有一份光鲜的职业，投资公司的职业经理人，穿梭在都市的高楼里。高学历，高收入，是很多人眼中的金领，家人心中的骄傲。2008年，我的第一个女儿迎迎出生了，我开始思考如何成为一个女儿眼中的好妈妈，这似乎是个比海洋生物更深奥的课题。当时，我没有试图改变自己的生活轨迹，因为女儿还小，她的未来仍很遥远。2011年，我的双胞胎女儿出生了，这两个小天使打破了我原来的平静生活。更重要的是，大女儿迎迎已经三岁了，她开始对世界有了朦胧的认知，虽然她拥有比我们这一代更丰富的物质条件，但是她的童年却缺少亲近自然的机会。形形色色的电子产品、数码游戏，关怀备至的贴身照顾，让她的世界变得拥挤而压抑。而我身心疲惫，每天来回穿梭于写字楼和家庭之间，似乎失去了自己的生活，那些山川、河流、徒步、摄影，离我越来越远。我不确定，这样的自己能否为孩子们缔造美好的将来，不过我非常肯定，这不是自己儿时的梦想，我害怕抱着遗憾老去。

从2012年开始，我大量地减少了自己的工作时间，翻出了陈旧的背包、帐篷，拿着相机，带着女儿们开始行走天下。2013年，我带着大女儿进入尼泊尔徒步旅行，再深入不丹，这是全世界最不发达的国家之一，也是全世界第一个提出国民幸福指数的国家。我们徒步进入了无人区，在7天的艰难旅途中相依为命。没有什么比我们牵手跨越旅途更能感到温暖，没有什么比我们在无人谷彼此呼唤更能传递真情，没有什么比哭泣后紧紧地相拥更有前进的力量。在这短短的一周时间里，我们除了是温情的母女，还是相依的旅伴，女儿从一个锦衣玉食的公主变成了勇敢的骑士，有一种信任在我们之间产生。回到家中，我们再次回想这段有点痛苦的旅程，她依旧面带微笑，从容而自信，我知道，这就是成长！我时常和女儿一起翻看当年在不丹写下的日记，我用摄像机记录艰难却充实的徒步岁月，那都是我们宝贵的记忆。

我希望能把一部分日记分享给大家。

☀ ☁ ⛅   3月30日

        飞机在一个大回转之后，甩开了身后的雪山，降落在不丹的帕罗，我们进入不丹王国，开始了惊险刺激的徒步之旅。第一天的徒步目标是10千米，从海拔2600米到3600米，天黑之前赶到露营地杰里宗，安营扎寨。我第一次带女儿来高原，而且徒步，说不担心，那是骗人的，但我总是期待，人生能在曲折离奇的道路中发现真谛。没有太多的言语，我和女儿并肩同行。我们一行20余人，只有女儿和好友大福年幼，我们自然排在队尾，向导也善意地安排了马匹支援。我们穿梭在森林里的山路中，看不到人烟，也猜测不出距离，只有自己的呼吸陪伴左右。第一次在高原徒步，我也渐渐体力不支，看到女儿涨红的脸和额间的汗，我有一点心疼，却无力拉她一

和女儿在不丹徒步旅行

把，高原稀薄的空气让人气喘吁吁，万分疲劳。当领队告诉我海拔已到3600米时，我长叹一声，知道快完成目标了。登顶时，斜阳点亮了半壁山坡，心情更是豁然开朗。疲劳瞬间瓦解，辗然而笑。下行不久，我们眼前出现了蓝色的帐篷营地，女儿兴奋地高呼："露营啰!"这是我们第一次裹着睡袋住在一个陌生的国度，陌生的山谷。女儿不但没有担忧，反而无比兴奋，她像一只藏羚羊在高原跳跃，血氧值全团最高，完全没有高原反应。在营地顶着头灯享用晚餐。没有电，没有信号，我死心塌地地接受失联，却挪出了更多的时间体会当下，不丹的幸福不就是从这里开始了吗? 去享受一段不被打扰的时光，心如止水。夜色为山谷添上重重幽黑，高原的严寒也开始袭人，我穿上所有御寒衣物，依旧感受不到温暖。好友大福高原反应严重，女儿也半夜被冻醒，我更是在各种担忧中辗转反侧，终不能入睡，感觉到自己的心跳在加速，我吃下药，不知何时，搂着寒冷渐渐睡去。

☀ ☁ ☁   4月1日

　　清晨的帐篷结着厚厚的霜，女儿早已按捺不住鸟鸣马嘶声，钻出了一夜未曾焐热的睡袋，我们发现昨夜的洗脸水结成了厚厚的冰。我捧上一杯热水取暖，女儿则兴奋地四处找人闲聊。晨光中，我们在这与世隔绝的山谷里静静地享用早餐，除了女儿无厘头的欢呼声，每一个人都不忍说话，怕侵扰了山谷的静谧，也怕打扰悠闲的马群。向导告诉我们，今天的徒步目标是15千米，海拔下降到2600米，继而再上升到3000米的营地。途中，我们要和当地一所小学的孩子们见个面，因此上午需要不停留地徒步10千米。大家快速收拾装备，拔寨前行。大福的高原反应依旧严重，只能上马骑行，随着海拔的下降，他也快速治愈了。下行的徒步看似轻松，其实更加危险，泥泞的乡间小路和沼泽，恐怕只有牛羊才能适应。女儿几次摔倒，被荆棘刺到手，她却依旧坚强，拍拍尘土继续前行。我们翻下山头，一片田园跃入眼帘，在山间错落的泥巴屋子，门前的桃花开得正怒，三五只牦牛点缀其中。我们顿时屏住了呼吸，和昨天的森林徒步不同，我们看不到高原的灌木草坪，只有低矮的农田和小屋相映成趣。历时5个小时，海拔降到2600米时，我们赶到学校旁边准备午餐，女儿累得哭了，我只能鼓励她坚持，席地而坐，搂着她，一口口喂完了伴着榨菜的米饭，对着早已冷却的饭菜，我已疲劳得无法下咽。

☼ ☁ ☂   **4月3日**

今天将是徒步行程中最艰辛的一日。23千米的路程，海拔上升1200米，继而再下降。这是一段集距离、高原、体能于一体的挑战。我对自己的状态尚不确定，对女儿更是担忧。连续两天的高原徒步，女儿已经乏力，而今天大福因高原反应缺席，更让女儿犹豫不前。进或退，只在一念！7:30，我们作为前队出发了，一路攀爬山峰，使原本调整好的呼吸又发紊乱，女儿更是举步维艰，我们又落后在队尾。马队的铃声响起，女儿请求上马行进一段，其实不需要请求，我早已对她的坚持相当佩服了。女儿骑行了两三千米，我们便来到一处缓坡，队伍稍做休整，马队也撤走了。留下漫漫十几千米的道路，没有支援，我又开始担忧。就这样，走了五个小时，接近峰顶时终于可以停下午餐了。山顶的寒风刺骨，守着一堆篝火，我们拨了两口不知味道的饭菜。天空却忽然飘起了小雪，因害怕天气情况更恶劣，我们匆忙离开。食物还在咽喉里来不及下咽，又要开始前行，身不由己的滋味让我暗骂了自己几声——这俨然是自虐不是吗？休整之后的我们继续攀爬，终于在下午两点到达山顶。

风雪中，山脚下是不丹的首都廷布，它像是灯光师布景所致，乌云笼罩的山头，唯有一束亮光打在这个山谷。我不知道还有多远才能接近它，只看见浓密的树林遮住了前方的路。雪花纷飞，我眯住双眼，坚定地远眺着目标，不想去愁思路途的遥远！下山三个多小时的路途，大腿酸痛无力，女儿却拒绝向导的帮扶，执意自己走，赚得了同行者的无数赞许。

这是我们在不丹的最后一夜，明天我们将返回尼泊尔。不知怎的，舍不得睡觉，肌肉的酸痛还没退去，耳边的欢笑还在，幸福还似懂非懂，我们又要启程了。这个幸福指数最高的国家到底拥有何等魅力？让每一个子民展颜，让每一个客人流连。夜晚，我们走在街道上，累了，在街边随意坐下，渴了，小卖店喝一瓶可乐，看着身边友善的面孔，呼吸一口山里纯净的空气。不用担心自身的安全，不用去猜想他人的心思，我找到了一些幸福的密码——随遇而安的朴质！人，自然都应如此！

旅途中的所见所闻，使女儿在精神上有莫大收获，在她意识到自己是一个在不丹徒步的中国孩子时，她似乎找到了一股无形的力量，一种大人眼中的荣誉感，让孩子无畏地作出挑战。也就是这股子劲，支持她在风雪中前行，哪怕乏力疲惫到哭泣。自此，女儿的生命中多了一个目标——攀登珠穆朗玛峰，因为她坚信自己是第一个在不丹徒步而且坚持到最后的孩子，她坚信她能行。我忽然意识到，大自然带给她的磨砺和成长是书本和锦衣玉食的都市生活无法实现的。

在女儿进入小学前的自由时光里，我利用所有的假期带着她们在祖国的山川河流间行走，在不同国度里感知自然的力量。在女儿一次次亲近大自然的过程中，我看到了她们眉宇间的坚定，以及对自然无限的懵懂和好奇。

很多人问我，孩子这么小，她们能记住吗？应该大一点再去。我笑而不语，孩童的经历无疑塑造了今天我们的潜意识。记忆如果只是炫耀的资本，那可能是它价值的最低体现，如果它可以塑造我们的品性和行为，那么它，物有所值。

2 关于鲨鱼教育的盲区

伴随着女儿的成长，我也找到了自己对水下世界的好奇心。2013年开始，我拿着相机，进入海底世界，开始探索这个未知的领域，在全世界潜行拍摄的历程中，我找到了理想的自己。我也开始把女儿们带入海洋，她们在海滩追浪，在海岸浮潜，我们一起夜宿在台湾垦丁的白鲸馆，一起在潮间带寻找未知的生物。我希望让她们认识这个美丽而神秘的世界，让她们理解和海洋相处的正确方式。因为，在我小时候，教育体系存在着认知错位——"离水边远一点""海边太危险""嬉山莫嬉水"。这些声音成为我和大海之间的一道深深的屏障。

2014年，女儿进入小学，学校主动联系并邀请我给低年级孩子们做一次鲨鱼知识的分享，他们希望用孩子身边真实的故事，弥补她们认知的空白，并补充教学体系里的盲区。为此，我在女儿的学校进行了一场演讲——关于鲨鱼的故事。小小的礼堂里，充满了求知的眼睛，一个小时的分享结束后，孩子们对海洋世界的渴望和热情超过了我的想象。她们好奇地问我，"阿姨，你见过最大的鲨鱼有多大？""阿姨，鲨鱼能活几岁？""阿姨，鲨鱼真的不咬你吗？"……我知道，很难向这些天真的孩子们展示生物和科学的理论。但是，我尽量用真实的经历告诉他们，我也曾经害怕鲨鱼，但是，我到海底之后才发现，其实它们都怕我们。让我改变的唯一方式，就是去了解它们。这些因为未知而产生的恐惧，就如同在夜路中行走的你我一样，不知道黑暗的尽头是什么，因此恐慌，但是，一旦有一盏灯在你眼前点亮，你将无所畏惧。

女儿也十分骄傲地代表学生上台，给我颁发了一份学校的荣誉证书。那一刻，我看到了同学们眼中的羡慕和女儿眼中的自豪。在她成长的六个年头里，这是我作为母亲第一次看到女儿眼神里沉溺的崇拜和羡慕。这让我坚信，海洋给我带来的热情和自信也感染了女儿。

辞去高薪收入的职位，离开高楼大厦，褪去物质和金钱所能带给我的光鲜外衣，我做了人生一次重大的决定——投身大海。我在一个普通的写字楼里租上一间办公室，离城市中心很远，却离家很近，离我期待的生活方式很近。我成为一名专职的水下摄影师，纪录片工作者，组织潜水员前往全球的水域探索，我也借此潜行世界各地，开始了我追逐鲨鱼的旅程。

2015年，我把在全球拍摄的鲨鱼图片展示在海南省博物馆，作为海洋科普的公益展览。2016年，我受邀在北大百年讲堂分享了《鲨鱼的真相》，女儿是我忠实的听众。因为在一线拍摄和推广鲨鱼的内容，大家都亲切地叫我"追鲨鱼的

在海南省博物馆举办海洋科普公益展览，我接受采访

女孩"。这一年，我的一部鲨鱼纪录片《寻找鲸鲨》获得湖南省首届原创网络视听大赛的奖项，而我也入选了家乡当年评选的"十大最美湘女"。

在马来西亚诗巴丹拍摄驼峰大鹦嘴鱼

女儿经常会问我："妈妈，评选是因为你长得漂亮吗？""哈哈……"我忍不住笑："我倒希望这样呀。"我知道，现在和她们讲述心灵美，难免有点空洞。但我也知道，这份荣誉，属于我与海洋、鲨鱼之间的羁绊，我致力呈现海洋的各种美态。2016年暑假期间，大女儿八岁了，我带着她们小姐妹一起来到了菲律宾的阿尼洛，在这里，我们组织了一次水下摄影的讲习和赛事，女儿终于可以踏出她进入水下的第一步了，她成了派迪国际潜水组织的最小的持证员——泡泡小勇士。这是一项专门为八岁以上孩子设计的课程，虽然无法进入海洋开放水域探索，但是女儿已经可以完成潜水的理论学习，在阿尼洛的泳池里背上气瓶体会无重力的潜行了。也许是受了我的影响，也许是她天赋异禀，几天的课程对她来说毫无压力，没有紧张，没有恐慌，甚至比我第一次考潜水证都要淡定很多。这让我十分羡慕和欣慰。小妹妹只有五岁大，十分艳羡地守在泳池边，傻傻地问："妈妈，我什么时候可以像姐姐一样？"那一刻，我真的十分开心，我在而立之年才打开的这扇门，她们现在已经开启了。这个神秘的世界，还有太多需要探索的，也许我永远无法实现所有，但对自然的渴求和守护，我们都可以传递到下一代。

3
女儿和鲨鱼的相遇

2016年春节，我和孩子们一起前往巴哈马群岛。这个加勒比海的岛国在美国佛罗里达州以东，古巴和加勒比海以北，由700多个岛屿及2000多个珊瑚礁组成，目前只有20余个岛屿有人居住。

安德鲁斯岛

安德鲁斯岛，是巴哈马群岛中最大的岛屿，森林覆盖率也最高，离首都拿骚岛西部有32千米。岛上有三个机场，从首都乘坐小型飞机20分钟便可以直达。偌大的岛屿仅仅生活着8000多人，在海滩和森林的分隔下，散落开来如同隐世。我查看了巴哈马群岛的潜水资料，除了拿骚本岛的鲨鱼，伊柳塞拉岛的暗礁和沉船，比米尼群岛的亚特兰蒂斯遗迹，水下景观最为丰富的就是安德鲁斯岛，这里不仅有延绵200多千米的世界第三大珊瑚屏障岛，还有著名的洞穴，也因此成为洞穴潜水员、自由潜水员和水下摄影爱好者的天堂。

在我的脑海里，安德鲁斯岛海上潜水的繁荣，应该和首都拿骚热闹的街市一样，人头攒动。下飞机的一刻，我才发现，机场像个公交站，站台里一共也就十几个人，貌似没有一个是潜水员，跟东南亚热络的场面迥然不同。乘着出租车，我们来到岛上的一个小潜店，门口站着店员耶西，数月的联系让我们彼此有所了解，可初次的见面还是难掩一丝生涩。接下来的日子，我们成为这个迷你度假村为数不多的客人，为数不多的潜水员，耶西成为我唯一的潜伴，他的家人和孩子成为我们唯一的交流对象，憨厚的杜克（一只温顺的拉布拉多犬）成为我唯一的追随者。不见末端的海滩只有这一个潜店伫立着，安静地听着海浪声。我们成为海上唯一的风景，没有过往船只，没有观光客人，没有潜伴们喧闹的交流，每一天，我们都被海洋和原野环绕着，独占这一片清澈的海，相当富足。

　　这里透亮的海水，壮丽的珊瑚礁，奇特的海底地形，丰富的洞穴，耀眼夺目，触目惊心，堪称潜水世界一颗璀璨的明珠。海底世界的光芒，被淹没在安静清凉的水面下。让人不禁感叹，这里真的是个潜游秘境，能窥探究竟，是一种缘分。女儿过了几天海女的生活，每天和耶西家人在海边踢沙滩足球，游泳，捡海螺，带回小屋慢慢布置在门口，而我每天和耶西父子一起出海，潜水，捞海螺回来烹饪。

　　说起安德鲁斯的潜点，我无法罗列全部，更谈不上对比和评价。耶西考虑我作为水下摄影师的需求，精心地安排了这里有特色的潜点，尽可能多地展示水下丰富的资源。岛上十几年的生活已经让他谙熟了这片海洋的脾气：潮汐、能见度、气候，都在他的预测范围内。更有趣的是，这里许多的潜点，都是耶西和他父亲发现的，他们为这些潜点取名，这些名字已经慢慢被大家所接受，至于官方是否认可，我想，谁又在乎呢？

我把安德鲁斯岛最有特色的潜水资源分为三大类。

1
珊瑚礁

　　这里的珊瑚礁堪称世界第三，虽然不像澳大利亚和马尔代夫那么庞大壮观，但是这里的珊瑚礁以形态奇异著称，其中有一个名为迷宫的潜点，就是耶西命名的。珊瑚礁群如同一条条连通的海底隧道，可以在其间自由穿梭，蜿蜒曲折。一不留

潜水员从海洋蓝洞出水

神，你就可能错过石斑鱼、鲨鱼等海洋生物。这让潜水的乐趣骤然提升，和万象澄澈的海底胜景相比，这里的奇特，在于每一个转角处，都有突如其来的意外惊喜。

2 海洋蓝洞

在海上行驶时，耶西和他的父亲会告诉我每一个蓝洞的故事，他们见证了蓝洞十几年的变化。耶西的老父亲告诉我，在25年前，第一次来到这个小岛，到蓝洞潜水后，他就决定在这里落地生根，带着耶西搭建了一座蓝色的小屋，守候着这些蓝洞，转眼之间就是二十多年。一切美妙的想象，都在我进入蓝洞的那一刻显现。最震撼的是蓝洞垂直、狭小的空间，俯视之下，深不见底。层层岩石，像一个深陷的漩涡，让你有瞬间的眩晕，似乎只要身陷其中，便会随之下旋，被拉入无限的黑暗。多纳圈是耶西发现并命名的另一个代表性蓝洞，它的外形恰似一个多纳圈，厚实的岩壁夹着一个圆洞，由于洞口狭小，我和耶西下潜到20米以下时，水下已经非常昏暗，洞口也随之变得十分窄索，只能容纳一人侧身下潜。在30米深度时，洞里的下降流渐变强烈，我们给浮力调节装置不断充气，垂直的洞口只有我一个手臂的宽窄，我索性用脚蹼顶住了岩壁，防止身体继续下降。如果仔细观察，在洞壁两侧会发现很多小岩洞，耶西找到了藏在洞里的巨型蜘蛛蟹和龙虾。上升时，随着洞口渐渐变宽，光线如同射灯向我们招手，有点紧张的心情得以平复，这个时候仰望上方，海天一色，浮云荡漾，在洞口的边框中如同一幅巨画，亦真亦幻。我就好像一只最满足的井底蛙！

3
陆地
蓝洞

陆地蓝洞是隐藏在山林间的地下水和海水连通的洞穴潜点，是这里最神秘的潜水资源。

我去过塞班的蓝洞，潜过墨西哥的洞穴，虽然，这种陆地洞穴潜点大同小异，可是安德鲁斯的水下钟乳石和石笋之茂盛，却远远超过其他地方。由于人迹罕至，这里没有潜水相关的配套设施。入水时，我只能从5米的峭壁跳入岩洞，耶西用绳索把我的相机从树上吊下去。出水时，再脱下装备，从一个狭窄的洞口爬出来。然而，正是这些原始之态，恰如其分地保持了陆地蓝洞独有的清净。埃尔多拉多号称是当地最著名的陆地蓝洞，意为"黄金之城"，不是指这里暗藏宝藏，而是水下钟乳石透出的金黄，在黑色

蓝洞水下钟乳石

蓝洞洞口的潜水员

的岩洞里，在灯光的照射下，同样摄人心魂。星际之门（Stargate）是另外一个很有特色的蓝洞，它比埃尔多拉多更加深邃，这里栖息的鱼儿因为终年不见阳光，视力已经退化，钟乳石更为壮观，垂落数十米，气势凌人。洞口藻绿色的光晕，似云似雾，耶西身在其中，成了完美的剪影。很多人问我是否害怕，其实，说不怕是骗人，说怕，又似乎夸大其词了，最合适的说法应该是紧张。但我们就是凭着这份紧张，倾听着心跳穿越险峻的洞穴，并随云霄飞车爬到顶端，享受坠落后释放的快感。这就是令人如痴如醉的蓝洞，非洞潜专业人士，也能享受的潜水乐趣！

就这样，我们一家人和耶西父子过了几天极简的生活。除了潜水，我和耶西父子交流人生故事，畅谈天南海北。他们从海底捞上来本地著名的美食海螺，收拾着新鲜的食材，伴着沙拉，烹饪晚餐。我和女儿带着杜克靠着墙根，看耶西的老父亲修补十几年前自己钉制的餐桌。在夕阳下，渺无人烟，看浪涌白沙，留下水涡的印痕。我摇着躺椅，看女儿在脚下修筑沙地之路。百般滋味在心头，直到耶西的老母亲安详地告诉我：" 当我看着你和孩子们的背影，你不同颜色的头发，我觉得它是如此的美丽！"我直视自己陶醉的内心，那是超越海平面的一种内心独白！是的，当我们忘记民族，忘记地域，忘记利益，自由地相处，世界变得那么平和，流露着不分色彩的美丽。我在这里直视海洋的面目：没有边界，没有差异的自由和平等。这是我希望大海能为女儿带来的广阔胸怀。

离开安德鲁斯，我和女儿去往比米尼，除了常见的灰三齿鲨、铰口鲨，这里还可以看到长鳍真鲨、鼬鲨和一些蠢萌的无沟双髻鲨。更重要的是，在比米尼的海边随处能与鲨鱼同游，我希望在这里把鲨鱼正式推荐给女儿，让她们亲切会面。小女儿因为太小，不允许下海，我多次和当地人沟通，尝试说服他们，但没有成功。我只好带上大女儿，换上潜水服，游进鲨鱼群里。2月的海水温度并不高，一些铰口鲨、礁鲨在我们身边游动，它们相比女儿的体格更显得庞大，我担心女儿会害怕，企图拉她一把，她却踢着脚蹼，兴奋地追逐着鲨鱼，让我心潮澎湃。这是她第一次在海底和鲨鱼一起游泳，她游到栈桥附近，一条铰口鲨趴在桥下不动，女儿向我做了一个扎猛子的姿势，随后拉着我，一口气扎下去，游到铰口鲨身边，仔细端详。就这样，我们在栈桥附近，上下了无数次，骚扰了很多休息

右图：女儿在巴哈马比米尼岛第一次遇见鲨鱼
下图：巴哈马铰口鲨在岩礁中穿梭

的鲨鱼，女儿终于心满意足地离开了。回到岸边，我已经疲惫不堪，开始寻找小女儿们，却发现她们在工作人员的带领下，已经走进海水，用手轻轻地触摸那些匍匐在岸边的礁鲨，就像在抚摸家中的宠物狗一样，玩得不亦乐乎。看到我们走过来，女儿欣喜地喊起来："妈妈，鲨鱼的皮肤好粗糙呀，摸上去像沙子！""妈妈，它们好可爱呀，可以让我摸！"我正想回应她们，还没说出口，大女儿已经扯开了大嗓门："不要碰海洋生物，你们不知道吗？"妹妹缩回了手，看着大女儿一脸严肃的正义状，我忍不住笑了。看来泡泡小勇士的海洋课，让女儿学会了友善对待动物的原则，与海洋生物保持礼貌的距离：不触碰，不带走，不破坏，已经牢牢地在她的小脑海中茁壮成长。在往后的潜途中，大女儿多次与我为伴，这条准则，成为她和海洋相处的底线，她一直坚守着。

　　女儿和鲨鱼的第一次约会，比我想象的还要简单直接，没有繁杂的动机，也没有过多的解读。在我第一次接触鲨鱼的时候，已经有着不少先入为主的认知。在我的教育体系里，鲨鱼似乎一直是我们的敌人，是人类的杀手，让我无法平和地面对这些海洋生物，但在她们的认知世界里，鲨鱼是妈妈的朋友，也应该是她们的朋友。我没有做太多的解释，孩子有着比成人更澄澈的心灵，去跟未知的东西建立情感连接和感知。我相信，随着她们的长大，这种认知也许会更加理智和立体。我们能够留给孩子的，不仅仅是金钱和房屋，我们能够送给孩子的，不仅仅是课本知识，更重要的是一颗对世界充满好奇的心，为她们打开通往这个未知世界的大门，当她们内心充满渴望，拥有探索的激情，这个广袤的世界一定会让她们找到自己热爱的事物，而那一刻，我相信她们一定会对自己的生命充满热情，无往而不胜！

扫一扫

女儿学习潜水

潜水员在铁笼中观察大白鲨

第九章

大白鲨

2016年在北京举办的第四届国际潜水展上，我遇到了阿莫斯，他是一名极限探险家与摄影师。25年前，他开始潜游南极。人类仅有五人和北极熊同游，他就是其中一个。我还看过早些年他在红海用骆驼搬运气瓶的照片，看过他拍摄的雪豹、大白鲨、蓝鲸等震撼的作品。他有自己的事业，叫"Big animals"（大型动物），专门记录拍摄大型极地动物。他的探险精神也感召了一批人，追随他零距离接触和记录大型生物。在他拍摄的摄影作品中，瓜达卢佩岛的大白鲨如同一幅幅肖像照，可以清晰地看到它们皮肤上的皱痕，眼神中闪耀着逼人的光芒，王者之姿，锋芒毕露。作为展会的分享嘉宾，我有机会和阿莫斯长时间交流，我简单了解了他记录大白鲨的区域和时间，他也极力向我推荐来年的9月至11月前往墨西哥，那里是最好的观测大白鲨的地点。他更是少数获得与大白鲨同游机会的潜水员，在我过往的了解中，大白鲨的拍摄都只能在铁笼里进行，摄影师无法在水下自由地游动。就这样，我下定决心，在2017年前往墨西哥，跟随阿莫斯来一场没有铁笼约束的大白鲨之约。

　　和以往一样，每次出发之前，我都要认真研究即将相遇的生物的习性，何况是被誉为全球最有攻击性的、最嗜血的生物。研究的方法也与过往一样，利用网络搜集基本信息，然后深入国家地理和英国广播公司的研究专区，阅读野生动物保护机构的研究文章和文献，收集更进一步的资料。最后查找和大白鲨有关的纪录片等相关视频，了解这种生物的行为和画面表现，为水下拍摄做准备。

1
关于大白鲨

大白鲨

大白鲨，是噬人鲨的俗称，听名字就感觉是一种对人类极不友好的生物。它的学名是 *Carcharodon carcharias*，在拉丁文中意指锐利的牙齿。大白鲨最早的化石大约有1600万年的历史，然而，关于大白鲨的起源和演化，至今仍有争议。

大白鲨起源的最初假设是，它与一种史前鲨鱼有共同的祖先，比如巨齿鲨。巨齿鲨在过去也有着同样的王者身份，在海洋统治时期从距今 2500 万年前持续至150万年前。它们比大白鲨还要大得多，长16~18米，重达70吨，能以每平方厘米3000克的压力咬碎鲨鱼的骨头，甚至以鲸为食。大白鲨和巨齿鲨在身体构造上颇具相似性，它们巨大的体型，使许多科学家相信它们之间有着一定的渊源，认为大白鲨是由巨齿鲨进化而来的。然而，一项

成年大白鲨

成年大白鲨平均体长3.4 ~ 4.9米，平均体重680~ 1100千克，雌性较雄性体型更大。

大白鲨游动觅食

大白鲨冲入水中（摄影师：钱博深）

新的假设提出，巨齿鲨灭绝的时间刚好跟现代大白鲨出现的时间重叠，大白鲨很有可能以更快、更灵活、更节省能量的优势，在食物稀少的灾难时期将巨齿鲨取而代之。巨齿鲨与大白鲨只是远亲，而大白鲨应与远古的一种灰鲭鲨更为接近，它们都有一个强壮的、大的、圆锥形的鼻子，而且尾鳍上、下叶大小大致相同。和鲭鲨一样，大白鲨的眼睛也比其他种类的鲨鱼要大。眼睛的虹膜是深蓝色而不是黑色。大白鲨白底和灰背的区域的反射，使整体呈现斑驳的外观，从上面看，深色的阴影与海洋融合；从下面看，它在阳光下只暴露出一个极小的剪影，让猎物难以发现它们。成年大白鲨平均体长3.4~4.9米，平均体重680~1100千克，雌性较雄性体型更大。在现存的软骨鱼中，只有鲸鲨、姥鲨和巨型蝠鲼比它更大、更重。但这三种动物一般性情温顺，习惯于被动地滤食浮游生物。而大白鲨是现存最大的掠食性鱼类。

　　和其他鲨鱼一样，大白鲨也具备洛伦西尼壶腹（Stefano Lorenzini）这种特殊的感觉器官，使它们能够探测活体动物运动发出的电磁场。洛伦西尼壶腹分布在鲨鱼皮肤的微小体孔中，集中在鼻子周围，由充满凝胶的管道连接，形成一个电感受器网络，可以探测水中电场。鲨鱼体内每一个组织都由电场包围，发射脉冲，侦测其他生物的电场，哪怕猎物藏在珊瑚礁中或埋在沙里，微弱的肌肉收缩和心跳，都会被鲨鱼探测出来。大白鲨更是非常敏感，它们能探测到五亿分之一伏特电压的变化。

大白鲨分布海域

大白鲨广泛分布于世界各大洋沿岸海域，主要集中在水温12~24℃的温带海域，栖息于沿岸、近海大陆架及岛屿水域。

大白鲨通过体内交配、受精，每胎产10~14头幼鲨，体长120~150厘米。年幼的大白鲨已经是天生的掠食者，它们以沿海鱼类为食。它们喜欢的猎物也随着自身体型的变大而有所变化，成熟个体更喜欢吃海洋哺乳动物，比如海豹和海狮。大白鲨能潜至水面1000米以下，可能是为了捕食深海冰冷海水中游动缓慢的鱼类和乌贼。尽管几乎所有的鱼类都是冷血动物，但大白鲨却有一种特殊的血管结构——逆流交换器，使它们的体温保持在高于周围海水的水平。大白鲨可以被认为是半恒温动物，因为它的体温不是恒定的，而是可以内部调节的。在冷水中捕猎时，它们能够通过肌肉运动提高血液的温度，从而变得敏捷，对它们捕食海洋哺乳动物特别有利，然而这种新陈代谢非常消耗能量。

在美国（东北和加利福尼亚区域）、南非、日本、大洋洲、智利和地中海，包括马尔马拉海和博斯普鲁斯海也较容易发现它们的踪影，已知密度最大的种群之一出现在南非代尔岛附近。大白鲨随意出没，几乎不可能在深海中被跟踪，它们也会随季节变化在冷暖水域间迁徙，在深海迂回几百千米。它们依靠储存在肝脏中的脂

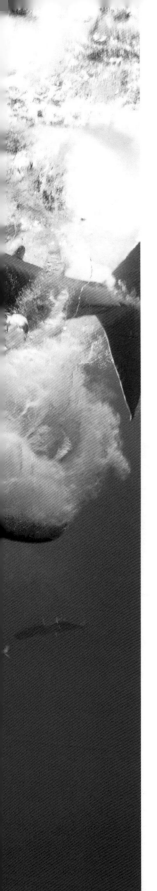

肪和油脂进行长途迁徙，穿越营养贫乏的海洋地区。根据最近的一项研究，加利福尼亚大白鲨定期在墨西哥和夏威夷之间迁徙。在旅途中，它们游得很慢，潜到大约900米水深后，它们会改变自己的行为，在水深300米内可进行长达10分钟的潜水。在其他海洋盆地，个体迁徙的距离可能更远。其中有一头大白鲨被记录到从南非游到澳大利亚西北海岸，然后返回，全程2万千米，用了不到9个月的时间。这些研究结果驳斥了传统的理论，即大白鲨是沿海地区的掠食者。迄今为止，我们还不清楚大白鲨的准确数量和活动范围，对它们迁徙的原因以及交配行为，认识得也非常之少。

目前，在全球观测大白鲨最好的地方，是在下面的四个岛屿。

1
南非
海豹岛

海豹岛在南非福尔斯湾，距离开普敦不到1小时的车程，距离大陆仅有短短25分钟的船程，这里除了鸬鹚和企鹅群，还有大白鲨的美食——非洲毛皮海狮。这片水域的水质及能见度一般，藻类大批繁殖导致海水呈现荧绿色。但这里无疑是大白鲨的大饭堂，因此有机会看到大白鲨猎食时，腾空跃出海面的惊人场景。船员们通常会在船尾拖挂诱饵，而潜水员只能在潜水船下的铁笼子里观测大白鲨。每年4月至9月中旬是旺季，但6月至8月中旬有更大的机会看到大白鲨捕食。

左图：大白鲨紧咬食物

2

美国加利福尼亚州法兰伦群岛

在美国旧金山海域，沿着加利福尼亚州海岸驶出45千米之后，就可以到达另一处大白鲨的观测点。这里是法兰伦群岛海湾的国家海洋保护区，拥有美国最大的海鸟繁殖地以及海象群。每年秋季9月至11月，大白鲨会抵达法兰伦群岛的东南部，捕食海豹和海象，有机会看到大白鲨突袭100~150千克重的海象的场景。同样，船只会在水面拖动密封诱饵来吸引大白鲨，潜水员依然能在潜入水下的铁笼子里享受这惊险刺激的视觉大餐。

3

澳大利亚海王星群岛

海王星群岛是澳大利亚最大的繁育新西兰海狗的海洋保护区。夏季（11月到翌年2月），是海狗交配繁殖的季节，吸引了大白鲨前来猎食。而在6月到8月冬季时期，有机会看到更大型的雌性大白鲨。潜水员需要在水下的笼子里观测大白鲨，但不同于常规的5~10米的水下观测深度，这里的项目作为世界上唯一一个将观鲨笼置于11~23米深水处的大胆尝试，它由澳大利亚潜水员罗德尼·福克斯创立，是40年前开创钻笼潜水看鲨鱼体验的先驱。在这里还能一睹更深海域的其他鲨鱼以及多种石斑鱼。

4

墨西哥瓜达卢佩岛

墨西哥瓜达卢佩岛是一个火山岛，从墨西哥的恩塞纳达乘船18小时便可抵达。这里是全球观测大白鲨能见度最好的地方。海水晶莹剔透，也是阿莫斯推荐的大白鲨观测地。许多大白鲨在夏季至深秋时节在这里巡游，最好的观测时间是从8月开始持续到10月，但依然只提供笼内观测大白鲨的服务。

2
疑问

看着收集的这些信息，我越来越疑惑，为什么全球大白鲨的观测都需要在笼子里，而不能像观测低鳍真鲨、鼬鲨一样，和它们一起自由游动呢？带着疑问，我开始和阿莫斯联系，最核心的问题是，在我所有了解的信息里，都无法实现脱离铁笼与大白鲨自由同游。而且很多大白鲨潜水的区域，明确规定离开铁笼潜水是违法的。墨西哥的瓜达卢佩岛同样不允许。那么，阿莫斯是如何做到的？我又如何能够和他一起完成这样的体验呢？通过和阿莫斯的反复沟通，我了解到：

◎ 墨西哥瓜达卢佩岛海域水体清澈，故这里是记录大白鲨的最佳地点。

◎ 阿莫斯有自己的渠道在该海域潜水，但并非大白鲨的核心保护区，因此，有机会实现零距离接触，但无法保证遇到大白鲨。

◎ 在墨西哥瓜达卢佩岛大白鲨核心保护区，需要在铁笼中观察大白鲨，私自离开铁笼是违法的。

◎ 他带我去的地方主要是体验这种感受，但是记录的内容不能发到任何社交平台和网络。

在反复沟通之后，我认真思考了自己的需求，作为一名记录鲨鱼的工作者，了解和记录大白鲨的真实现状，是为了通过传播让更多人了解这个物种，而不是为了满足个人的猎奇和冒险需求。于是，我不再跟随阿莫斯的探险路线。2017年，我自行联系瓜达卢佩岛的潜水船公司，决定跟随潜水船只在笼子里观测记录大白鲨。

"鹦鹉螺"号是我前往瓜达卢佩而搭乘的一家口碑不错的大白鲨专业潜水机构的潜水船。2017年10月，我和潜伴一起在遥远的美国西海岸度过了我的生日，前往指定的酒店，等待船公司安排车辆接驳。我们后来穿过美国边界，一路向南，进入墨西哥下加利福尼亚半岛。随后经过18小时的航行，终于抵达距离西海岸240千米的太平洋上的小火山岛瓜达卢佩。路途中，船员为我们进行培训，主要是介绍当地的基本情况，以及在笼子里潜水观测大白鲨的注意事项。

向导介绍，这里的海滩是众多哺乳动物的疗养基地。海狮、海象、海豹这样的庞然大物随处可见，所以吸引了不少大白鲨聚集。相比南非和澳大利亚，只有瓜达卢佩岛的海水能见度可以达到50米，这对鲨鱼记录者来说是一个好消息。每年秋季，雌性大白鲨穿越了大半个太平洋，奔波千里而来，在瓜达卢佩岛，可以见到雌鲨和雄鲨同行的场面，十分罕见。通过笼子潜水，他们在这片水域确认了366头独特的大白鲨。区分大白鲨性别的一个重要标志，就是雄鲨身上的鳍脚，这是它们的生殖器官，而很多雌鲨身上布满了伤疤，这可能是交配留下的痕迹。但一般而言，已经怀孕的雌性大白鲨并不会到这片水域，它们会寻找安全舒适、温度适宜的海湾和环礁湖，以便分娩。所以，这里雄性大白鲨的数量，要远多于雌性的数量。

3
与大白鲨
相遇

一大早，我被一阵轰隆声吵醒后便来到甲板，这时天空泛出橘黄色的光，把海与天的边际勾勒出来。几个船员忙碌地

/ 我的鲨鱼朋友

船员将铁笼放入水下

吊起巨大的笼子，并将笼子安置在船体四周。我们每天从早上6点到晚上5点，都可以下到笼子里观测大白鲨，他们会把笼子下降到10米的深度，所有潜水员都使用笼子里的水肺呼吸系统，这些呼吸头连接着水面供气装置，确保我们有充足的空气呼吸，每个笼子上会有向导，随时提醒我们鲨鱼出现的方向，我们需要做的就是穿好潜水服，佩戴足够重的配重下水。向导建议我穿戴5~7毫米厚的潜水服和头套，系上大约20千克的铅块配重带。虽然阳光充沛，但这里的海水温度并不高，而且我们长时间浸泡在水中，缺少游动，会更容易感到寒冷。通过一番介绍，我已经迫不及待地要下海看大白鲨了。忽然，前方攒动的人头方向传来一阵欢呼，远远看去，一道三角鱼鳍划过水面，大白鲨来了！我扔下手中的热茶，顾不上早餐，急忙换上装备，冲进笼子。向导似乎看出了我的急切，笑着递给我二级头，嘱咐我几句紧急救援知识：一旦出现紧急情况，安全出口也是入口，我需要马上出水；我必须一直待在笼子里，包括把我的胳膊、手和相机放在里面；不要用防晒油或其他污染物污染美丽清澈的瓜达卢佩水域……不知道他还说了多少条规定，但我已经心不在焉，满脑子都是对大白鲨的遐想……

在铁笼里等待下水

进入水下那一刻，清晨微凉的海水瞬间把我包围，寒意使我镇静下来。在笼子里等待海洋生物，感觉自己像动物园里被困的动物，不知是谁观赏谁了。海水湛蓝无边，但我知道，蓝色幕布的背后，一头头巨兽正飙举电至。调整好相机，我抬起头，看到向导在笼子上方点头微笑，示意我静静等待。惊喜如期而至，一个身影摇摆着靠近，我激动得忘记了呼吸，黎明时分，橘黄色的阳光洒落海面，勾勒出一个庞大的轮廓，向我不断靠近。第一次，我的大白鲨之梦就这样渐渐清晰，渐渐浮现……当它靠近笼子的那一刻，我才真实感受到它的庞大，5米的身长和王者之姿，霸道的气场瞬间笼罩整片水域。它那标准的三角头，配上"蒙娜丽莎式的微笑"，简直就是天使与魔鬼的合体。我拿起相机，试图观察和记录它们的行为，但是第一天的拍摄似乎并不理想，它们神出鬼没，这让我心生懊恼。

夜晚，船上一位从事鲨鱼研究的生物学家给我们做了一个大白鲨的专场讲座，提到了很多我研究过的基本知识，但也给我带来了更多新鲜、生动的观测经验。在这片海域，每年都能观察到相同的大白鲨。通过长期的观察，他们了解到这些鲨鱼的很多习性，尤其是它们的社会行为。他们发现大白鲨是一种高度社会化的动物，它们喜欢集群进食，并有完整的结构和等级。它们有自己的社交原则，会分析分享食物的鱼类是朋友还是敌人，社会等级是高还是低。所以，如果有两头大白鲨并肩同游，而且彼此打量着对方，那是它们按照社交惯例，在允许来者分享自己的美食之前，判明对方的身份及目的。如果它们感到了恶意，会隆起背部、夹紧胸鳍来警告对手。体型和经验决定它们在群体中的地位，高大强壮的鲨鱼统治小鲨鱼，常驻型大白鲨高于外来者，雌性高于雄性，这种明确森严的社会关系，是为了避免相互的残杀和冲突。作为最强大的猎食者，身体冲突对它们来说是非常危险的。通过这种等级划分，大白鲨在猎食的时候会保持适当的距离。而且，大白鲨的社会结构与狼群很相似：每一个群体都有"领头鲨"，群体的成员十分清楚自己的社会等级，因此在不同群体的成员相遇时，也不会剑拔弩张，而是通过观察，来确定对方的社会等级。比如，并肩齐游就是它们比较体型大小的一种方式，有时候也会看到它们相向对游，或者绕成圈游，或者用尾部击打水面等。而一旦确定了社会等级，地位低的鲨鱼会主动让路，表示友好。而且，专家发现，大白鲨身体上还隐藏着一些有社交意义的标记。例如，胸鳍上有些黑色尖头，尾部后有一些白色斑纹，这些标志在大白鲨正常活动时几乎看不见，只有在特殊的社会活动中才会显现出来。

分享会上，关于大白鲨的故事很多，在这些和大白鲨朝夕相处的人眼中，它们拥有极高的思考能力，尤其是在捕食的时候，总是能突击掠食。它们常不露痕迹地埋伏在深水中，一旦发现目标就从下而上发起攻击。而且，它们很识时务，大多数偷袭都在日出后两小时，这时太阳的位置低，光线只能浅浅地打在水面，是最佳的突袭时间。它们可以清晰地看到水面的猎物，但猎物从水面向下看，鲨鱼

更让我意外的是，我们常见的照片中，大白鲨张开大嘴露出尖锐的牙齿，给人恐怖的感觉，其实是它们在发泄情绪，在捕食失败后，它们还会一跃而起，将头露出水面并有节奏地张合双颌。就如同我们生气时用拳头击打墙面一样，可以缓解大白鲨的受挫感。

墨西哥瓜达卢佩，大白鲨捕食

的身影与昏暗的背景浑然一体，很难察觉。大白鲨在黎明阶段猎食的成功率超过55%。所以，船上的工作人员也友好地建议我可以选择这个时间段去观察它们的捕食行为。

通过专家的分享，我大概总结了一些大白鲨的社会行为，虽然仍然有不确定性，但对于我在水下观测它们，可以起到非常重要的作用。

其一，隆起背部，向下收紧前鳍几秒钟，即大白鲨感到潜在威胁，通常这种姿态出现于面对社会等级更高的对手、准备逃跑或者进攻之前。

其二，一头大白鲨以垂直的方式游向另一头，并持续几秒钟，这可能是在向对方显示自己的体型，以确立自己在群体中的地位。

第三，两头大白鲨并肩缓慢地同游一两米，这可能是它们在比较身体的大小。

第四，两头大白鲨相向缓慢地游过对方，距离一两米，这可能是在打量对方的

我的鲨鱼朋友

体型，以确定对方的地位或者分辨对方是不是自己的熟伴。

第五，两头大白鲨相向而游，突然其中一头改变方向向下游去，这表明它主动放弃了控制权。

第六，将头部举出水面，反复张合双颌，这种情形多半发生在大白鲨捕食猎物失败时，可能是在发泄不满的情绪。

第七，两头大白鲨围成一圈巡游，这可能是在辨认对方是敌是友，或者确认对方的地位。

第八，两头大白鲨用尾巴拍打水花溅浇对方，很可能是在争夺对猎物的控制权，谁的水花大谁就赢得控制权。

掌握了大白鲨的部分行为后，接下来记录的过程变得十分有趣。几天的观察，我发现它们个性特征彼此不尽相同，个性特征展现了物种的遗传行为和个体的自学行为。有的充满着强烈的好奇心，围着笼子打量我们这些"怪物"；有些和水面的潜导斗智斗勇，玩起了藏猫猫的游戏……我开始分析它们彼此的关系，窥探它们捕食时候的行为。任由它们张开大嘴，露出每一颗尖利的牙齿，在我镜头前上演了一幕睥睨天下、傲视八方的大戏，而我知道，那是它们挫败的发泄。当我们能够理解每一种生物，尤其是鲨鱼这些独特的行为方式后，我们就不再有莫名的恐怖和猜测。这是我这些年观测记录鲨鱼的一种真实感受，如同2015年我在斐济听向导讲述一个个低鳍真鲨的故事，在水下，我看到的不再是冷血的猎食者，而是被赋予天资和智商的生命在交流互动。

虽然离开铁笼潜水是违法的，但我还是想在开放水域和它们一起畅游。我的想法被船员果断拒绝了。起初我不太理解，因为向导也一直在笼子外观测大白鲨，并没有险情发生。而且，大白鲨在水中十分平和，彼此间没有争斗。当然，我也坚信人类并不在大白鲨的食物菜单上，只要不主动攻击它们，潜水员是不会有危险的。但向导告诉我，大白鲨是非常好奇的动物，它们常常利用视觉和触觉来探求未知世界。当它们对某一事物感兴趣，便会用牙齿去触碰和轻咬作出试探，因为大白鲨的牙齿远比它们的皮肤敏感。因为好奇而对人类造成伤害，其实这已经让我们对大白鲨有了许多误解，减少这些意外的发生，无疑是对大白鲨的一种保护。而且，铁笼对于人类和大白鲨来说，是一个互利的屏障。这些笼子不仅仅能为我们提供保护，更重要的是，能够保护这些远道而来进行繁殖的海洋生物不被打扰。这样的解释，似乎让我无力辩驳。是呀，我们不需要通过同游去验证什么，我们所有的初衷和目标都只是为了理解和守护。

光线变暗，大白鲨各散东西，是时候和它们短暂分别了。离开前的晚上，来自世界各地的潜水员围坐在一起，分享各自的感受，向导分享了一段鲨鱼保育的视频，片中提到全世界鲨鱼种群的数量正在因为逐年兴起的鱼翅消费而趋于减少。而中国是最大的鱼翅消费国，在异国他乡听到因为鱼翅消费提及中国，我的内心五味杂陈。我认真地站了起来，宣告我的鲨鱼梦，一个来自中国女摄影师的鲨鱼梦。我希望用镜头消除大家对鲨鱼的误解，用镜头拉近我们和鲨鱼的距离。而且，我也告诉大家中国近十年的鱼翅消费大量减少。作为一个行走世界的中国摄影师，我不仅仅记录潜游的美景，我更希望改变我们对海洋的态度。我的一番演讲得到了现场世界各地的鲨鱼爱好者的支持。行程结束之前，他们都接受了我的邀请，在镜头前留下了自己的祝福，表达了对大白鲨的真实感受。

这些年在大海收获的知识和营养，在这些热爱海洋的人身上得到的支持，成为我追逐鲨鱼路上的无限动力。

随着近年对这些神秘捕食者的科学研究和零距离的接触，大白鲨作为无脑杀人机器的形象开始有所转变。我希望能用自己的力量去消除大家对它们的误解。在全球每年发生的100多起鲨鱼袭击事件中，有整整1/3到一半是由大白鲨造成的。然而，大多数都不是致命的。

大白鲨在攻击人类时往往动作轻缓，仿佛经过深思熟虑。大约85%的受害者能够幸存下来，少数不幸的死亡事件往往都是因为失血过多造成的，因大白鲨的撕咬造成直接死亡的事件非常少。在加州近海，冲浪者被大白鲨咬到的概率是一千七百万分之一，游泳者与之遭遇的机会更少。新的研究发现，天性好奇的大白鲨会"试咬"猎物，一般来说，当大白鲨真的咬人的时候，它只会探索性地咬上一口，很快就会意识到那个人不是它的首选猎物，然后放弃，而不是捕食人类。其实，与脂肪丰富的海洋哺乳动物相比，人对大白鲨来说，只不过是如同嚼蜡，不值

墨西哥瓜达卢佩，大白鲨捕食后潜入水中

得劳神费力。因此，大白鲨攻击人或许只是出于好奇。不过，由于它们体型巨大，即使是探索性地咬一口也可能会致命或造成严重创伤。

　　大白鲨其实对食物十分挑剔，并非饥不择食。美国加利福尼亚大学的海洋生物学家皮特·克里莫勒对大白鲨的猎食行为做了一个非常迷人的表述——完美的能量最大化者。由于它们的新陈代谢非常消耗能量，大白鲨从来都不捕猎低脂肪食物，这就很好地解释了为什么大白鲨总是钟情于肥嘟嘟的海豹和海狮，而很少光顾身体脂肪含量极少的企鹅和海獭。在所有海洋哺乳动物中，新生的幼海豹和海狮最受大白鲨青睐，它们裹着厚厚脂层的身躯有些笨拙，游泳技能不尽如人意，下潜深度也非常有限，而且几乎没有任何反抗能力，对大白鲨没有足够的防范心理，绝对是唾手可得的廉价能量食物。而且，新生海豹和海狮的体重只有30千克左右，对大白鲨而言，正是不多不少的一餐。大白鲨完全不同于电影中人们妄加设定的形象，它们不是虐待动物的冷血杀手，而是充满智慧和技巧的猎手。大白鲨在选择猎物时非常谨慎，而且具有针对性。另外，大白鲨对猎食时间和地点的选择也有准确的要求。在法拉伦岛上，涨潮时，海水的侵入会使岛上的生存空间减少，这使北方象海豹对生存空间的争夺变得激烈，年幼的海豹最容易成为牺牲品，它们往往被潮水卷入大海，而大白鲨则会充分把握这个捕食时机。

　　长久以来，大白鲨攻击人类的事件被大肆渲染，让大白鲨顶着"噬人鲨"的名头，令人恐怖。但讽刺的是，人类吃鲨鱼远比鲨鱼吃人频繁得多，因为人类，大白鲨已有灭绝之虞。为了能在海滩运动，人们经常在游泳和冲浪的海岸对大白鲨进行无情的捕猎。而大白鲨的牙齿、腭、鳍器官等的黑市交易也使大白鲨的种群数量急剧减少。从20世纪70年代到现在，对大白鲨捕获量的增加导致了大白鲨数量的减少。大白鲨的发育非常缓慢，一般9~16岁才能性成熟，而且雌性大白鲨2~3年才能产仔一次，只有2~10头。如此低的生育繁殖能力，根本满足不了现代的商业捕捞需求。大白鲨种群数量的恢复和增长非常困难。国际自然保护联盟指出，人们对大白鲨的实际状况知之甚少，与其他广泛分布的物种相比，大白鲨似乎并不常见，

大白鲨游走

因此被认为是脆弱的。它被列入《濒危野生动植物种国际贸易公约》（CITES）附录II，意思是该物种的国际贸易需要许可证。截至2010年3月，该公约还被列入《CMS移徙鲨鱼谅解备忘录》。2010年2月，斯坦福大学的芭芭拉·布洛克（Barbara Block）进行的一项研究估计，世界上大白鲨的数量不到3500头，按最低估算结果，全球大白鲨数量与老虎差不多，同为濒危物种。按最高估算结果，其数量更接近狮子，可归入易危物种。

近年来，各国对大白鲨的保护意识逐渐增强，澳大利亚政府于1999年宣布大白鲨为濒危物种。目前，大白鲨受到《环境保护和生物多样性保护法案》（EPBC）的保护。大白鲨的国家保护地位反映在澳大利亚各州的法律下，在整个澳大利亚，都给予该物种充分的保护。在国家立法生效之前，许多州已经禁止捕杀或拥有大白鲨。大白鲨在维多利亚州被动植物保护法列为受威胁物种，在西澳大利亚州的野生动物保护法附表5中被列为稀有物种或可能灭绝物种。2002年，澳大利亚政府制定了《大白鲨恢复计划》（White Shark Recovery Plan），除了对与鲨鱼有关的贸易和旅游活动进行联邦保护和加强监管外，还进行了政府授权的保护研究和保护监测。在新西兰，截至2007年4月，大白鲨在新西兰370千米范围内得到了完全的保护。此外，悬挂新西兰国旗的船只也不能在该范围之外捕鱼。2018年6月，新西兰自然保护部将大白鲨列入新西兰威胁分类体系的"国家濒危物种"。在北美洲，2013年，大白鲨被列为加利福尼亚州濒危物种。随着更多的国家加入大白鲨的保护队伍中，我相信，未来的某一天，我会在没有铁笼的水域，一个美丽的潜点，不期然地遇到它们！

扫一扫　　　扫一扫　　　扫一扫

笼中观察大白鲨　　大白鲨的性格　　为大白鲨正名

潜水员拍摄抹香鲸

第十章

斯里兰卡

1
斯里兰卡
最初印象

阳光，庙宇，肤色各异的行人来来往往。

加勒古城，海上火车，热带海风拂面而来。

白象闲庭漫步，大洋深处传来鲸歌。

守护与破坏，信仰与屠戮，无数矛盾的集合。

这是我对斯里兰卡的印象。

斯里兰卡当地儿童

抹香鲸尾部

在前往这个印度洋岛国前，我幻想过各种文明的落后和封闭，不曾想到，在这里我目睹了鲨鱼最可悲的画面，但也是这次经历，让我重新思考自己在追鲨鱼的路上，到底走向何方。

斯里兰卡，在当地语言中意为"光明富庶的土地"，被马可·波罗认为是最美丽的岛屿。虽然国土面积仅有6万平方千米，但因为优美的自然景观，丰富的矿产资源，被誉为"印度洋上的明珠"。斯里兰卡有着悠久的宗教文明，以佛教为盛，跟中国颇有渊源，早在东晋就有两国之间佛教交流的记载，当时被称为"狮子国"。佛教徒占斯里兰卡总人口约70%，宗教文明植根于文化深处，并体现在当地

在火车轨道旁拍摄

夕阳下的斯里兰卡象和白鹭

人的一举一动中，各式佛教庙宇随处可见，带着虔诚微笑的僧人跟旅客擦身而过。斯里兰卡的人民秉承着"不杀生"的佛教教义，从两千多年前就有物种保护的政策，"众生平等"的思想贯穿于生活中。野生动物与人类共享地盘，怡然自得。我抵达斯里兰卡之后有着深刻的体会。斯里兰卡象是这里最常见的大型动物，是亚洲象的亚种，它们在宗教文化中有着举足轻重的地位，大象被视为记忆的载体，是人与神灵、信仰交流的纽带，深受当地人尊敬；而矜持的白鹤是它们的近邻，溪地

斯里兰卡象吃草

边，后院里，马路上，随处可见，这些自由的生灵在城市中飞翔，并凑成了一张人与自然和谐相处的曼妙画卷。在这个岛国，"野生"和"城镇"并无边界。

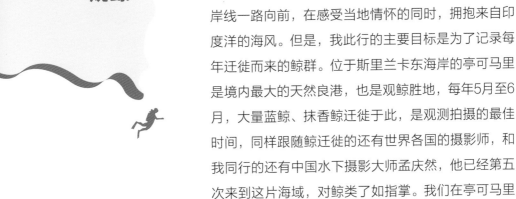

2

观鲸

为了追随宫崎骏创作《千与千寻》的灵感，2017年我从首都科伦坡乘坐小火车前往加勒古城，顺着海岸线一路向前，在感受当地情怀的同时，拥抱来自印度洋的海风。但是，我此行的主要目标是为了记录每年迁徙而来的鲸群。位于斯里兰卡东海岸的亭可马里是境内最大的天然良港，也是观鲸胜地，每年5月至6月，大量蓝鲸、抹香鲸迁徙于此，是观测拍摄的最佳时间，同样跟随鲸迁徙的还有世界各国的摄影师，和我同行的还有中国水下摄影大师孟庆然，他已经第五次来到这片海域，对鲸类了如指掌。我们在亭可马里停留一周时间，观测记录这些大型海洋哺乳动物。

抹香鲸甩尾

　　抹香鲸四处为家，尤其喜欢热带和亚热带地区，亭可马里成了它们的游乐园。这些大家伙平时以群落集结，在人类开始捕鲸之前，大海中经常游荡着成百上千的抹香鲸大队，以每小时20多千米的速度在航行，捕获食物。成年抹香鲸的体长可达18米，重量超过50吨，硕大的头部像盒子，与众不同，占了整体长度的1/3。它的大脑重达 10 千克，能配合神经系统进行回声定位，不时发出"可咔可咔"的声音。抹香鲸的交流频率在 20~2 万赫兹，叫声高达230分贝，甚至能震慑其他海洋生物。它们有着与众不同的声音，能互相交流。相反，水下爆炸的轰隆声，工程施工时打雷一样的响声，在它们听来尤其刺耳，更会让它们迷路搁浅。作为世界上潜水最深、潜水时间最长的哺乳动物，抹香鲸下潜深度可达2000多米，能停留近两个小时的时间，和深海的大王乌贼斗法。经常能在抹香鲸胃内发现大王乌贼的残骸，而大王乌贼也能用触手对抹香鲸造成致命伤害，关于两者的斗争，能找到很多科普报道和小说故事。

倒立睡觉的抹香鲸

　　看上去威风凛凛的巨无霸，也有温顺可爱的一面。在记录的第五天，我们意外遇到了一头熟睡的抹香鲸。进入完全放松的睡眠状态时，抹香鲸会竖起身体，跟海面垂直，格外呆萌，可它们的听觉十分敏锐，一旦察觉有人靠近，就迅速反转身体，悄悄溜走。最后一天出海，我们更遇到了两头行踪飘忽的蓝鲸，虽然名字叫蓝鲸，但其实它们的身体是灰色的，它们不但是最大的鲸类，也是现存最大的动物，是迄今为止最大的哺乳动物。能够近距离和这些海洋巨兽接触，是我一直以来的愿望。然而，这里的水下生态环境却令人泄气消沉，沿着亭可马里海岸一路潜行，只遇到了零散分布的珊瑚、几种常见的裸胸海鳗、恋礁鱼类，其他大型生物如一些常见的礁鲨都无迹可寻。这并不符合我们对印度洋的认识，本该是海洋生物栖息的乐土，竟变得如此死寂。

　　离开之前，我们和孟老师在附近小鱼市溜达，探讨着我的疑虑。孟老师告诉我，在斯里兰卡尼甘布附近，有一个大型的鱼市，我在那里应该可以找到答案。抱着好奇的心态，我决定去网上收集一下资料，一幅幅虐眼的血腥画面映入眼帘……

它们不是常见的水产鱼类，它们是我最亲密的海洋朋友——鲨鱼。这些触目惊心的画面让我有切肤之痛的同时，更让我懊恼万分。在出行之前的研究中，我侧重于记录鲸群，却忽视了鲨鱼在此的现况。我决定回科伦坡，前往尼甘布鱼市。

3
尼甘布
鱼市

湿润的空气夹杂着微咸的海腥味扑面而来，一排排高大挺拔的椰子树在柔风中摇曳，我置身于久违的热带气息，觉得内心燥热不安。我坐上一辆出租车，前往距离科伦坡市区40多千米远的小镇子尼甘布，在一个小民宿安顿下来。

这座人口不足13万的镇子，至今已有七八百年的历史，沉淀深厚。在斯里兰卡被欧洲殖民时期，葡萄牙、荷兰和英国三国为了拥有这片寸土之地的主权，你抢我夺，进行了激烈的争锋对决。虽然离国际机场不远，但这里丝毫没有商业

尼甘布鱼市，渔民拉着死去的蝠鲼

斯里兰卡，当地渔民宰杀鲨鱼

和城市化的影响，依然延续了它原汁原味的滨海渔业生活，遍布渔船渔网，到处可见依印度洋而生，靠海吃海，捕鱼卖鱼的锡兰人。

为了方便交流和记录，我找了一位民宿的小伙子做向导和翻译。他告诉我，尼甘布的鱼市从凌晨三点多就开始了，很多远洋渔船满载各类鲜活的鱼虾，在夜幕中陆续靠岸。所以，我们需要在凌晨五点左右到达，才可以看到渔民们把一天的"战利品"搬卸下船，抬放在各家的摊位上。心怀忐忑，等待着第二天和鲨鱼的相遇，但这一次，我并没有太多的期待。天蒙蒙亮，坐着向导的小三轮车，我们前往鱼市。这里是斯里兰卡规模较大的水产交易市场，也是全球海洋生物交易的集中地之一，海风带了一股腥咸，满载而归的渔船已停靠岸边。和我想象不同的是，五点钟，鱼市早已人头攒动，热闹非凡，渔民们席不暇暖，买主们更是采购得如火如荼。马路两旁是密密麻麻的海鱼摊位，当地百姓频繁光顾的地方。穿过人流，我走进码头深处，岸边的船位上已泊满了各种型号的渔船，但仍有姗姗来迟的渔船在拼命往码头上挤，就好像我们在市中心抢车位一样。乘风破浪归来的渔船一靠岸，岸上的工人们便争先恐后地抢着将船上的大鱼往市场里拖，先过磅，然后宰杀。

码头旁的一大块空地，整齐地躺着一排排这样的大鱼，血迹斑斑，腥味袭来令人毛骨悚然。仔细端详，原来都是惨死的鲨鱼！它们被分类放在宽广的空地上，一边是被割去鱼鳍的鲨鱼，有的奄奄一息，有的死状凄惨。另外一边，是渔民大刀阔斧地在切割鲨鱼鱼鳍，再把这些被肢解的部位堆放在一起，等待着买家的到来。乌鸦在低空中盘旋，对下面诱人的内脏虎视眈眈，也有很多已迫不及待，在鲨鱼鱼鳍当中啄食腐肉。它们发出刺耳的叫声，在我听来就是一声声的悲号。我站在空地中间，一瞬间不知道自己该走哪个方向，不知道我手中的相机还能记录什么？在这个喧闹的市场里，热情的吆喝声，麻木的屠户和行人，满目所见都是鲨鱼的尸骸，被割去鳍的礁鲨束手待死，没有价值的尸骸被随意丢弃。一条条鲜活的生命被打上了价码，成为一笔收入，一行数字。络绎不绝的货车披挂着斑驳的文字，这些来自世界各地的买家将鲨鱼鱼鳍拉上货车，不久后它们将被冷冻，空运到世界各地的餐桌，变成美味佳肴。

　　太阳升起，这条本来就很窄的公路被堵得水泄不通，吆喝声在我耳边此起彼伏，忙碌的老板无暇顾及我手中的相机，他们焦急地四处招呼吆喝，招揽生意。我想记录这个鱼市的全貌，从人流中奋力挤了出来，鱼市内外，喧嚣纷扰，船笛交织，气氛热烈，仿佛是一个盛大的节日。走到河岸边，我把航拍机升起，飞向这个海边热闹的鱼市，画面里，密密麻麻的人群中最醒目的是那一堆堆的鲨鱼尸体，白花花，堆积如山，我无可奈何，心如刀绞。在斯里兰卡，尽是矛盾极致的景象，充满禅意的建筑，绵延数千年的环保理念，在这个小小的市场变得格外讽刺。站在市场中央，周围的世界逐渐变得灰暗，热闹的市场里，我只听到那些海洋生物声嘶力竭的呐喊，可是它们的呼救声被喧嚣冲散，没有人愿意施以援手。我想保护它们，但我的力量那么渺小，犹如一根火柴，无法点亮这片逐渐贫瘠的水域。

　　这是我第一次面对鲨鱼被大规模的屠杀，"食人鲨"我从来也没有看过，而"人食鲨"却是一个赤裸裸的事实。我知道，在纪实的工作中，不该只有美丽的抒怀，更多的应是揭露现实的麻木不仁，人类和鲨鱼的关系远不是恐惧这么简单。回到国内，我认真研究了全世界鲨鱼猎捕的内容，对斯里兰卡的鲨鱼捕猎进行了深入了解。渔业是斯里兰卡文化不可分割的一部分，在海洋渔业部门雇用了18万余人。

在尼甘布鱼市，看着满地的鲨鱼尸骸，心如刀绞

鲨鱼传统上是斯里兰卡捕捞的重要鱼类，而尼甘布市场一直是斯里兰卡主要的鲨鱼捕获和贸易的港口。2012年捕获的3177吨鲨鱼中，超过60%是在两个主要港口捕获的：西海岸的尼甘布和西南海岸的贝鲁瓦拉。据报道，大约有60种鲨鱼，但在斯里兰卡的商业中，有近12种鲨鱼占主导地位。1990—2004年，斯里兰卡鲨鱼捕获量占全球的3.1%，在世界鲨鱼捕获量排名中名列第十，在2004年降至2.4%。镰状真鲨是斯里兰卡鲨鱼的主要猎捕品种。

被宰杀的鲨鱼

> 根据2012年的估计，**镰状真鲨**在近海渔业中占主导地位，占近海渔业捕捞总量的**37%**，其次是**大眼长尾鲨（13%）**和**远洋长尾鲨（11%）**，而在沿海渔业中，**大眼长尾鲨被捕猎的比例最高，占62%。**

自20世纪60年代，渔民开始采用合成网状材料，在海洋中使用长线捕鱼，鲨鱼作为偶然捕获物的数量不断增加。随着全球对鲨鱼的需求增加，在当地市场上新鲜或腌制后的鱼翅，高价出口到国外，获得了巨大的经济效益，这也增强了渔民对鲨鱼的兴趣，开始大规模猎捕鲨鱼，远洋渔业的发展和扩大增加了鲨鱼的捕捞量。直到2000年之后，鲨鱼的数量开始大幅下降，渔民发现捕捞金枪鱼比捕捞鲨鱼更有利可图，就把目标转向了金枪鱼。但是，鲨鱼作为附带捕获产品，完全可以覆盖渔民的运营成本。捕获的鲨鱼确实创造了财富，作为一种食物，也是一种出口商品，鲨鱼带来了可观的收入。在过去的二三十年里，鲨鱼在斯里兰卡具有重要的经济意义，国外市场对它们的需求很大，尤其是鱼翅。斯里兰卡本国人也是鲨鱼肉的消费者。在斯里兰卡，无论是风干的还是新鲜的鲨鱼肉都很受欢迎。批发市场的干鱼价值为每千克700里亚尔，零售市场则为每千克1000里亚尔。除了用来食用的鱼翅，鲨鱼肝脏富含鱼油，能增强人体免疫力，因此鲨鱼油也是一种需求。鲨鱼油只能从深海鲨鱼身上提取，但是只需要在太阳下晒晒，通过非常简单的技术，就可以提取大量的鲨鱼油。另外，鲨鱼骨胶原也可以被制成运动员使用的软膏，或者制成能够激发潜能的药剂。鲨鱼皮被晒干之后，还出口到其他国家作为原料，制造鞋、皮带等。清洗过的鲨鱼嘴和牙齿被当作旅游珍品出售。

金枪鱼区域渔业管理组织逐渐认识到，过度捕捞是鲨鱼种群迅速减少的主要原因。2000年之后，斯里兰卡成为印度洋金枪鱼委员会的成员，为遵守印度洋金枪鱼委员会有关鲨鱼保护和管理的决议，采取了许多保护和管理举措。虽然印度洋金枪鱼委员会缔约方在2010年就同意禁止捕捞长尾鲨，但斯里兰卡于2012年才在全国范围内实施了这项规定。这导致大量长尾鲨，特别是大眼长尾鲨被猎捕。

不过，令人欣慰的是，作为一个渔业国家，斯里兰卡开始与大部分国际与地区鲨鱼管理和保护等机构合作，包括联合国粮食及农业组织（FAO）、世界自然保护联盟（IUCN）、亚太地区渔业委员会（APFIC）、国际海事组织（IMO）、印度洋金枪鱼委员会和孟加拉湾政府间组织（IOTC&BOBP）等。

今天，生态旅游是斯里兰卡发展最快的产业之一。人类一直以来享受着生物多样性带来的多元价值与繁盛的生活物资。如今，人们普遍认识到环境保护，特别是

鲨鱼管理和保护

2012年7月，斯里兰卡在《宪报》公布，完全禁止捕捞、上岸、出售长尾鲨。渔农自然护理署的渔业督察继续进行突击检查，完全停止捕捞长尾鲨，确保鲨鱼数量的可持续性。但是，镰状真鲨作为捕捞金枪鱼时常见的渔获物，于2016年第17届缔约国大会上被列入《濒危野生动植物种国际贸易公约》附录Ⅱ，但它们依然是斯里兰卡最大的鲨鱼捕猎品种。

生物多样性保护的重要性。战略性地将这些理念与未来的旅游需求结合起来，可以获得许多机会和利益。观赏鲨鱼作为一项主要的生态旅游活动已经在全世界许多沿海国家开展。大家都了解到，观赏鲨鱼比捕获它们更有价值、更可持续。斯里兰卡也从几年前开始在南部沿海组织观看鲸鲨、海豚和蝠鲼等活动，这对游客有着巨大的吸引力，同样也为这个国家提供了巨额的收入来源。

渔业滥捕所带来的影响是灾难性的。在过去五十年，物种的多样性减少一半，大型鱼类数量锐减90%。

鱼翅贸易

鱼翅的贸易导致了鲨鱼的过度捕捞，根据世界自然基金会和国际野生物贸易研究组织报道，每年有多达7300万条鲨鱼被捕杀，全球有近1/3的鲨鱼种类正在或即将面临灭绝。鱼翅甚至被卖到每千克300余美元。

事实上，鱼鳍碎片不但没有味道，也对健康起不到什么作用，传统的保健文化，不过是错误的信息；而这些海洋生物的再制品，并没有那么神乎其神的效果，这些普通的蛋白质完全可被现代化养殖的农副产品所替代，商业吹捧的所谓"来自天然"的噱头，只不过是商家哄抬价码的戏法。虽然鲨鱼是高度洄游的鱼类，但许多物种是沿海的，因此直接受到沿海捕鱼活动的影响。鲨鱼资源不断枯竭，它们的生育力低、生长缓慢而且性成熟晚，因此，一旦种群被过度捕捞，它们恢复的过程将很漫长。

这些问题在国际上引起了特别关注。世界自然保护联盟将17种鲨鱼列入濒危，其中6种被认定为极度濒危，但可惜的是，这份公约并没有法

鱼鳍碎片不但没有味道，也对健康起不到什么作用，传统的保健文化，不过是错误的信息。

律效力，在每千克售价高达300余美元的市场利润诱惑下，各种盗猎偷捕屡禁不止，执行工作困难重重。2013年，第16届《濒危野生动植物种国际贸易公约》缔约国大会上采纳了将路氏双髻鲨等三种双髻鲨列入保护名录的提案。中国作为该公约的缔约国，国内的保护工作当然也在执行，但2016年，百余条失去鱼鳍的路氏双髻鲨在三亚水产码头仅以30元/千克出售。加拿大圭尔夫大学与美国诺瓦东南大学的合作研究小组从多位零售商处购买了129个样本（71份鲨鱼鱼鳍来自加拿大，54份鳃耙来自中国内地和中国香港，4份鳃耙来自斯里兰卡），采用DNA条形码技术和16 S rRNA基因测序对样本进行了分析和鉴定，确定了20种鲨和至少5种蝠鲼。其中，有7种鲨鱼和所有种的蝠鲼已经在最新的《濒危野生动植物种国际贸易公约》附录Ⅱ中，受到全球贸易管制的保护。另外，56%的物种在《世界自然保护联盟濒危物种红色名录》中被归类为濒危（EN）和易危（VU），24%的物种被标为近危（NT）。尽管这些样本早于2012年获得，而一些鲨鱼和蝠鲼在2013年和2016年才被列入《濒危野生动植物种国际贸易公约》附录Ⅱ，但令人吃惊的是，早在2003年就被列入《濒危野生动植物种国际贸易公约》附录Ⅱ的鲸鲨也没有幸免于难，它的鱼翅依然能在近十年后的鱼翅市场中出售。

无边的海洋，如此广袤，在法律和监管都无法触及的范围，还有那么多鲨鱼每天都在被捕杀。我忽然觉得自己如此渺小，我不是一个科学家，也不是一个明星，我的影响力也许非常有限。我用镜头记录下所见所闻，我用笔写下自己的感受，我不知道我的作品可以影响多少人。但毋庸置疑，我们与众多生命共享这方天地，海洋长久以来提供人们的生存所需，我们索取的同时，也应该守护它的生态平衡。人类过度的私欲正在一点一点蚕食这个瑰丽的星球，我希望，在我有限的能力范围内，消除更多人对鲨鱼的误解，也让更多的人加入我的队伍，让我们的力量聚集起来，守护鲨鱼和更多濒危的野生动物。

扫一扫　　　　扫一扫　　　　扫一扫

斯里兰卡印象　　　　抹香鲸　　　　尼甘布鱼市

墨西哥渔民猎捕鲨鱼

第十一章

追踪墨西哥
捕鲨渔船

在斯里兰卡目睹鲨鱼的惨况之后，我意识到如果要切实地援助它们，只靠收集海洋生物瑰丽的画面还远远不够，只有深入了解全球捕猎鲨鱼的历史和现状，了解人类和鲨鱼的关系，用真实的影像记录让更多人意识到这个古老生物的生存危机，才能唤起大家保育鲨鱼的共识。对大量文献和资料的查阅结果让我十分震惊，原来，我们对鲨鱼的猎捕早已开始，且数量和规模之巨大，超出我的想象。野生动植物贸易监督网络"TRAFFIC"根据2002年到2011年的捕鲨量，公布了位居前二十的国家和地区，它们捕猎的鲨鱼数量占全球总量的80%。印度尼西亚和印度高居榜首，是全球最大的鲨鱼捕猎国，两国捕鲨总量占全球的1/5以上。就连环保政策一向严谨的新西兰也赫然在列。

中国台湾地区拥有丰富的渔业资源，成为世界第四大捕鲨地区，这让我十分意外。我曾经认为，中国水下没有鲨鱼，或者说鲜有鲨鱼。

全球前二十大捕鲨国家（地区）

全球前二十大捕鲨国家（地区）依序为：

①印度尼西亚　　②印度　　　　③西班牙　　　④中国台湾地区
⑤阿根廷　　　　⑥墨西哥　　　⑦美国　　　　⑧马来西亚
⑨巴基斯坦　　　⑩巴西　　　　⑪日本　　　　⑫法国
⑬新西兰　　　　⑭泰国　　　　⑮葡萄牙　　　⑯尼日利亚
⑰伊朗　　　　　⑱斯里兰卡　　⑲韩国　　　　⑳也门

2007年全球鱼翅贸易价值约为**12亿美元**，
亚洲每年进口**1 万~ 2万吨**鱼翅用于消费，
中国每年巨大的鲨鱼消费量曾占世界鲨鱼贸易的**80%以上**。

国际自然保护联盟（IUCN）的鲨鱼专家小组表示，"割鱼翅的行为迅速扩张，基本上不受管制的鱼翅贸易是对全球鲨鱼最严重的威胁之一"。联合国粮食及农业组织报告，受管制的全球鲨鱼捕获量近年来一直稳定在略

一些研究表明，全世界每年有2亿条鲨鱼因为人类而死，当中有2600万~7300万条鲨鱼是被捕杀的。

高于50万吨的水平。但未经管制和未报告的渔获当然没有统计，一些研究表明，全世界每年有2亿条鲨鱼因为人类而死，当中有2600万~7300万条鲨鱼是被捕杀的。1996—2000年期间的年平均数是3800万条，几乎是联合国粮食及农业组织记录的数字的4倍，但大大低于许多环保主义者的估计。据报道，2012年全球鲨鱼捕获量为1亿条，其中包括许多濒危的鲨鱼品种。这些赫然跃入眼中的数据令人震撼，我在斯里兰卡尼甘布看到的画面原来只是冰山一角，包括中国在内还有这么多国家在捕鲨名单上。

1
寻找墨西哥捕鲨船

我尝试联系墨西哥一位从事鲨鱼研究的朋友杰科，他在夏威夷学习海洋生物，研究鲨鱼，随后到墨西哥开了一个与鲨鱼同游的小店，一边带客人潜水观测，一边记录鲨鱼。我曾经跟随他出海观测过墨西哥水域的蓝鲨和灰鲭鲨，知道他和当地渔民关系不错。所以，希望通过他联系一些墨西哥渔民，允许我登船拍摄。杰科告诉我，当地确实有一些人在捕

鲨鱼，但大型的远洋作业船只无法记录，可以跟随当地渔民的小型船只出海，记录他们猎捕鲨鱼的过程。于是，从2017年年底开始，我把目标锁定在墨西哥，这个东太平洋鲨鱼猎捕数量最大的国家。因为无法走官方途径，杰科成了我这次拍摄计划的唯一希望，目标时间是2018年2月，地点是墨西哥下加利福尼亚半岛洛斯卡沃斯。

出行之前，我搜集资料，了解当地渔民捕猎鲨鱼的一些基本情况，看到一篇文章，是关于一名意大利摄影师费德里科·维斯皮尼亚尼（Federico Vespignani）2016年在墨西哥下加利福尼亚州记录渔民生活和捕猎鲨鱼的报道。他今年27岁，出生于水城威尼斯，在罗马学习艺术，之后在米兰开始了他的职业生涯，成为一名专业摄影师。在了解到鲨鱼数量急剧减少后，他对捕捞鲨鱼的现状感到好奇。得知墨西哥的渔民可以带游客和鲨鱼一起游泳，他很想去记录渔民猎捕鲨鱼，但又非常害怕，在一轮矛盾角力下，他决定自费前往下加利福尼亚半岛，了解捕捞鲨鱼背后的复杂现实。维斯皮尼亚尼找到了墨西哥城非政府组织"远洋生活"（Pelagic Life）的代表，但对方没能帮助他联系到捕猎鲨鱼的渔民，他独自待在波多黎各圣卡洛斯村，试图说服渔村的村民放下警惕，允许他记录和拍摄。但村民认为他是一名政府特工，因为当时有报道称墨西哥考虑禁止捕捞鲨鱼。村子很小，他开始和村里所有的人交谈，日子一天天过去，村民慢慢放下戒心，他也慢慢融入了村民的生活中。

在太平洋海岸外小岛圣拉扎罗（Cabo San Lazaro）的渔民营地，他发现了渔夫们离开他们永久的家乡埃尔萨根托（El Sargento）时的艰困生活。在这个岛上，什么都没有，只有郊狼和秃鹫。没有电，没有水，只有几幢营房和七个渔民，两个人一艘船。黎明时分，一位捕鲨渔民在船上装了一箱汽油，准备第二天的工作。维斯皮尼亚尼认为这是一项非常危险的工作，因为渔民要在离海岸30英里（约48千米）的地方捕鲨鱼。在广阔的海洋里，每件事都可能出错，而且，那种船很小，只有6米长，他们只有一种报警系统，一种定位系统，仅此而已。维斯皮尼亚尼和渔民们一起拍摄了8天，有时天气非常恶劣，只能在4米高的海浪中拍摄。他发现，鲨鱼在宁静的科尔特斯海（埃尔萨根托所在的地方）已经被过度捕捞。维斯皮尼亚尼冒着很大的风险深入一线，拍摄出富于动感和抽象的捕鲨照片，吸引了人们的关注，并将注意力从唯美的摄影作品，引申到环境问题的现实中。

维斯皮尼亚尼的照片和分享，让我内心产生了一些担忧，渔民恶劣的生活条件，加上出海的风险，似乎让这次征途充满了未知和凶险，但又吸引着我不断想要窥探究竟。我和杰科一直保持联系，他也不断地告诉我，当地人非常的粗鲁，不好打交道，确认我是否坚持要去。我也不断地给他信心，告诉他，我只是一个独立的纪录片制作人，这次的记录纯属个人行为，我希望知道渔民真实的生活情况、捕鲨动机，记录鲨鱼在外海被捕猎的主要种类，但我不会也没有权利去干预渔民的生活甚至是谋生手段。而且，更重要的是，我告诉杰科，我愿意支付渔民费用，在不打扰他们作业的前提下，我可以支付出海的船费，以及他们的劳务费用。我想，钱也许是这个原始而粗暴的交流模式下最有效的工具。通过反复的沟通，终于有渔民同意了我的请求。杰科通知我在2018年2月前往墨西哥下加利福尼亚州洛斯卡沃斯。选择这个时间的原因有两点：一是，这段时间是墨西哥允许鲨鱼捕猎的时间，类似我们国内的开渔季；二是，我和杰科担心渔民变卦，跨越半个地球白跑一趟，风险和成本都太高，所以杰科申请前往灰鲸洄游的海域。能在凶险的旅途中记录灰鲸，绝对是千载难逢的机会。

2
记录洄游的
灰鲸

整理行装，我又背上了几大箱器材，此时正值2018年的春节，我摆脱种种担忧，踏上旅途，独自一人从北京飞到了洛杉矶，再转到洛斯卡沃斯，整整24小时的航行。一下飞机，我就收到杰科的邮件，原来计划前往的灰鲸拍摄地点气候恶劣，要变换到马格达莱纳湾（Magdalena Bay）。这并不让我意外，在投奔海洋的这些年，饱经沧海重重的风霜冲刷，那一颗如麻的乱心得到了洗礼，心态也平和了很多，激情依旧，亢奋退去，留下了更多的从容。在美丽的日落下，我在洛斯卡沃斯的一个公寓安顿下来。第二天一早，杰科就与我会合，同行的还有从加拿大赶来的摄影师孟庆然老师和于川。杰科租了一辆皮卡，我们开车6小时到达圣卡洛斯小镇，在小镇路口发现一个巨大的灰鲸的骨骼，算是当

马格达莱纳小岛岸边海鸟

马格达莱纳小岛岸边的灰鲸骨骼（一）

马格达莱纳小岛岸边的灰鲸骨骼（二）

地一个吉祥物吧！再从小镇租用船只行驶一个多小时，到达马格达莱纳小岛。这个避世的小岛安静朴实，只有30户渔民在这里生活，简陋的码头上，随意堆放着一头蓝鲸和一头灰鲸的骨骼，让这里多了一份凝重。海鸟旁若无人地在我们身边展翅滑翔，我瞬间莫名地爱上了这个小岛。杰科把我带到一个渔民家里，这里成了我临时的小窝。从踏上岛的这一刻开始，我们的手机就失去信号，我们在这荒岛上销声匿迹了。

接下来的几天，我们和杰科一起披星戴月，每天清晨都在漫天星空下去克利特里斯岛（Port Clctris）看鲸，一个多小时的航行，顺便在海上看着日出驱散了星光，然后在海湾里观测灰鲸，直到太阳升到头顶。我们随意找一处海滩，吃个便当，晒着太阳暖暖身子，再继续漂泊大海，追寻灰鲸的足迹。几天下来，我们记录了很多灰鲸的水面内容，但是水下的拍摄不太顺利。这个大个头的家伙有点怕人，每次靠近，都立刻从我们身边溜走，水温很低，而且能见度并不太好。每天12个小时在海上漂泊，浑身湿透，回到住处没有热水。每天晚上11点开始断电，我抓紧时间，用电热棒，热了桶水，作简单梳洗，乘着断电之前钻进被子里，等待新的一天来临。最后一天，同行的摄影师都感冒病倒了，只剩下我这个"小强"和杰科一起出海，雨滴浪花拍打在身上，我裹着厚厚的毛毯，也无法抵御寒冷，阳光掩蔽在暗黑的云层中，和灰鲸们一样害羞。快到目的地时，才透出了一丝丝柔光，使人愉悦起来。杰科说，他预感到今天应该是最好的一天。我问为什么？他说他相信积极的正能量总会带来好运！这似乎成了我潜水拍摄旅途中的座右铭，我曾无数次地告诉自己，这个世界没有忽然光临的好运，也没有固定标准去衡量环境的好坏，唯一使我们正向的就是尊崇内心的愉悦感。而我，在大自然里，面对艰难和挑战总会选择做那个迎风微笑的人！

一个半小时到达太平洋出海口，依旧多云，更下着微雨。除了我们，没有看到其他船只。偌大的海湾，许多灰鲸已经涌入，在广阔的海洋里，听到气孔的喷水声、深沉低频的鲸语声。我觉得自己在大自然的音乐广场，近处有海浪、微风相伴，四周喷射的水柱像节日的礼花，而我感到自己内心是如此淡然平静。几头灰鲸游到我们的船边，虽然没有传说中那么的友好、亲密，但它们开始探出头窥探我们，在我们的船头领航，然后再骤然消失。这样持续了几个小时，我和灰鲸的这次交会就此画上了一个完美的休止符。

洄游到马格达莱纳湾的灰鲸

临走前，我登上一个无人岛，岛上有几百只海鸟，我意外地发现了一个海豚的头骨，还有一具风化了的海龟骨骼，凝望着大海的方向。这些古朴原始的美景，带给我的意外收获，也让我有顺其自然的初心。

灰鲸出水

风化了的海豚头骨

海滩上的海龟遗骸

我寄宿在渔民约瑟的家，几天下来，我们已经非常熟络，他聊了许多和灰鲸有关的事情，挪威捕鲸船的故事，还有他儿时用BB枪打灰鲸的故事……最后，他告诉我，他感谢灰鲸，这是大自然给渔村的礼物。灰鲸在这里停留，也带来了不同的客人来到渔村，让他们的生活开始改变。我深刻地产生共鸣，看着约瑟捂在胸口的手，感激的眼神，我也在内心告诉自己，感谢海洋和沿途一切好坏的经历，让我的人生从此有了追逐的方向！

3

登上墨西哥
捕鲨渔船

离开渔村，回到圣卡洛斯，手机信号开始恢复，大家忙碌地报平安。把行李从船上卸下，装上皮卡，雨慢慢变大，我们连夜赶路，终于在半夜12点抵达洛斯卡沃斯，可我最关心的还是渔民能否让我们拍摄捕鲨的画面。虽然知道杰科已经十分疲惫，但我还是忍不住问了一句："捕猎鲨鱼的渔船有消息吗？"

杰科理解地看着我，告诉我相信他。第二天，我焦急地等待着杰科的消息，白天和米格尔（杰科的伙伴）一起出海去拍摄蓝鲨，但满心惦记的还是捕鲨鱼的船。终于，在晚上收到了杰科的确认信息，他成功地帮我争取了三天上捕鲨船的机会，这样我能从头到尾完整记录渔民放置鲨鱼诱饵以及捕鲨的过程。目前，从未有中国人来这里对捕鲨过程做记录，整个旅程充满了刺激和未知。第二天清晨六点，我和米格尔出发，他充当我的翻译。我们一路攀谈，我很好奇为什么米格尔会从事一份鲨鱼旅游的工作，他说他喜欢鲨鱼，问我为什么这么执着一定要去拍摄捕猎鲨鱼的画面，我笑笑，"也是因为喜欢"。

墨西哥渔民和猎捕的灰鲭鲨

但我知道，这种喜欢方式和以前不太一样了，不再单单因为喜欢它们的力量和外表而去记录，更希望的是探讨和了解更多背后的生存事实，让我们能守护这种古老的生物。终于到了托多斯桑托斯（Todos Santos）的一个渔村，海湾里，两个渔民已经在等我们。米格尔和他们交流了一下，我听不懂，但看着渔民对我友好地笑笑，并没有凶神恶煞地怒目相对，惴惴不安的心也开始安定下来。米格尔告诉我，马上出发，其他渔船早都已经离开了，他们两人是特意留下来等我的。我听完，马上放下相机，跳上一艘小船，跟随他们出海，真有一种奔赴战场的感觉。

从蓬塔洛沃斯（Punta Lobos）海滩的渔村出海，大概一个小时就进入太平洋更远的海域，一路都能看到座头鲸跃出水面的壮观场面。渔民告诉我，他们要停下来钓鱼，给鲨鱼准备新鲜的诱饵。我一边记录，一边请米格尔替我翻译，询问他们的作业流程，每一艘渔船都在大海设立了32个捕猎鲨鱼的浮漂，每一个浮漂都用新鲜的鱼来诱惑鲨鱼上钩，因为鲨鱼不吃腐食，所以他们每天都要在大海垂钓鲜活的海鱼，替换旧的诱饵。渔民把提前准备的小鱿鱼随意挂了一串在细绳子上，投入海中，用手拿捏感觉，鱼一上钩就马上拖拽。不一会儿，他们钓了满满一箱子海鱼。接下来通过定位系统搜寻他们在茫茫大海投放的32个浮漂，据说，每个浮漂下有两个大铁钩，专门钓鲨鱼。这一箱新鲜的鱼，就是吸引鲨鱼的诱饵。他们每天的工作就是检查32个浮漂下是否有鲨鱼，同时再替换鱼饵。一路检查下来，看看渔民摇头说"No"，我觉得如释重负，我希望每一次浮漂下面都一无所获。下午，我们被烈日烤得滚烫，我正打算休息一下，远远看到第一个浮漂，渔

猎捕的灰鲭鲨

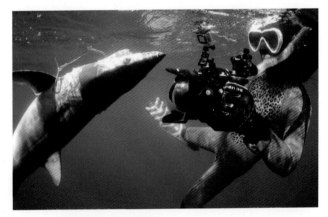

在水下拍摄被鱼钩钩住的灰鲭鲨

民告诉我有灰鲭鲨上钩，我的心马上紧张起来。这些有经验的渔民，通过浮漂的吃水深度，很快就能判断猎物是否上钩。果然，鱼线拖拽着一头已经失去生命的灰鲭鲨，它张着大嘴，那对醒目的大眼睛褪去了光彩。我跳下水记录了它被鱼线挂住和渔民收线的全过程。想不到第一次在开放海域见到灰鲭鲨，情境如此的凄凉。

　　接下来，渔民搜寻其他浮漂，一次次地扑空，都让我暗自庆幸。忽然，一只海龟在浮漂边挣扎着，我们发现海龟的前肢被鱼绳缠绕，幸亏离水面近，它还可以呼吸，否则早就失去了生命，我们把它的绳索解开，放回大海。我好奇地问他们："你们不捕海龟？"他们摇摇头告诉我，海龟是属于被保护的动物，禁止猎捕。

被鱼钩钩住的路氏双髻鲨

那么鲨鱼呢？正在不远处，渔民在浮漂下发现了一条小型的双髻鲨，1米左右，嘴部被铁钩钩住，寂静地漂浮着，毫无生气。这些鲨鱼一旦咬钩，就无法挣脱，停止游动的鲨鱼，只能等待死亡的来临。天色渐暗，渔民完成了一整天的海上搜寻，替换了新的鱼饵，不知道明天又有什么样的结果。身后的太平洋，以及一整天的经历，使我不堪回首，仿佛刚才我到访的，不是鲨鱼的家园，而是它们的墓场。回到码头，人群早已在此等候，买家等待着收集他们的渔获，渔民快速清理好一天捕获的鲨鱼，割下鱼鳍，把无用的鲨鱼头丢弃在海滩，等待海鸟吃掉它们。一条鲨鱼卖15美元，今天出海一天捕获的两条鲨鱼为他们只带来了30美元的收入。而这笔收入，除去燃料消耗，分到每个渔民身上的劳务费，微乎其微。

第二天，这条渔船一无所获，我暗自庆幸，但又深深感叹，我忽然有些同情他们，对于渔民来说，他们只会以此为生，维持生计，养家糊口，更没有什么利

墨西哥渔民岸边整理猎捕的鲨鱼

益可言。就像意大利摄影师所说的："如果这些渔民不捕猎鲨鱼，他们不知道该怎么办。在下加利福尼亚州，真的没有工作。你所要做的就是钓鱼，否则你就得成为一名毒品贩子。"如今，海里的鱼正在消失，但对这里的渔民来说，他们没有其他选择，除了捕鱼，他们不知道如何从其他资源中获得经济利益。晚上，我和米格尔来到玛丽娜一家中餐厅，偷拍餐厅提供的食物——鱼翅汤。通过和服务员交流，我了解到，这里的本地人不食用鱼翅，鱼翅汤的消费者都是外来客人。这终究还是一个需求拉动下的消费模式，渔民在这个"金字塔"的最底端，是被动的，受利益和需求驱使，以捕鲨为一种谋生手段。他们认为鲨鱼和普通鱼类一样，也无法识别不同的鲨鱼品种，甚至都不知道鲨鱼的保护等级，他们更不是鲨鱼的消费者。但如果人类没有鲨鱼消费的需求，那么他们是不是会有其他的谋生手段呢？我想一定有的。

傍晚，找了一处静谧的海滩，没有游客，没有都市的繁华，整个世界只剩下海浪声。穿过椰林，我把航拍机飞向了海洋，飞向了日落，在太阳落下的时刻，一切触目惊心的画面被消化，萌生出新的想法。在追鲨鱼的路上，明天依然是被期待的。

扫一扫　　　扫一扫　　　扫一扫

鲸的骨骼　　　灰鲸　　　猎捕鲨鱼

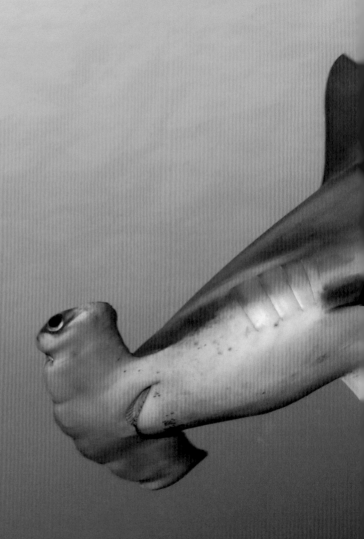

路氏双髻鲨

第十二章

加拉帕戈斯

2017年，一艘运输鲨鱼的中国渔船成为新闻的焦点，心寒齿凉的照片让全世界震惊。2017年8月中旬，中国渔船"福远渔冷999"号被厄瓜多尔海军截获。厄瓜多尔当局发现船上共有6632条鲨鱼，约300吨，其中大部分是近灭绝或濒危物种，包括双髻鲨。厄瓜多尔环境部长称，未必所有鲨鱼都在自然保护区捕获，但当局发现当中有不少出生不久的幼鲨，这是该海域有史以来最严重的非法捕捞。加拉帕戈斯国家公园负责人沃尔特·巴斯托斯告诉厄瓜多尔报纸《宇宙报》，这是迄今为止，厄瓜多尔在保护区截获最大的违法渔船。报道中的自然保护区，在加拉帕戈斯群岛附近。厄瓜多尔于2016年3月20日宣布成立加拉帕戈斯海洋保护区。从过往仅在加拉帕戈斯陆上的区域，扩展到总面积达4.7万平方千米的保护区，覆盖了群岛及周围1/3的水域面积。在加拉帕戈斯水域发生的这次非法捕捞事件，引起社会轰动。

　　加拉帕戈斯海洋保护区位于寒、暖流交汇之地，南部的秘鲁寒流与北部的赤道暖流共同孕育了丰富多样的海洋生物。从种类上看，有近20%的种类是其他地方没有的；从数量上看，平均每万平方米水域的鱼类资源高达17.5吨。鱼类资源丰富度全球排名第一，比排名第二位的哥斯达黎加科科斯群岛国家公园多出一倍。特别是达尔文岛与沃尔夫岛附近水域，由于地处鲨鱼季节性迁徙的海上通道，成为世界上鲨鱼最密集的区域之一，从迁徙性的双髻鲨到礁鲨，各种鲨鱼共享这一带丰腴的水域。

　　加拉帕戈斯群岛因其丰富的海洋生物多样性，入选了联合国教科文组织的世界自然遗产名录。查尔斯·达尔文（Charles Darwin）正是在这里注意到不同岛屿上生物演化的区别，从而写出当时颠覆世界观念的进化论，发表《物种起源》（On the Origin of Species）。鲨鱼是加拉帕戈斯海洋保护区最知名的物种，这里有着全球最丰富的鲨鱼种类。但受限于警力资源的不足，非法捕捞一直都存在。当地海警要保护比国土面积大五倍的海域，但对海警部队的经费投入以及训练等都严重不足，舰只老旧，有些服役超过30年。这样的巡逻力量要同时应对来自国内外的违法捕捞，有些捉襟见肘。仅过去三年，厄瓜多尔海警在海洋保护区、专属经济区和公海查获来自国内的非法鲨鱼割鳍、鱼翅出口以及鲨鱼捕捞案件就有17起，可知还有更多的个案蒙混过关。中国渔船事件发生之后，大家纷纷指责中国人对鱼翅的消费。"福远渔冷999"号上被发现有超过6000条鲨鱼，根据曝光的照片来看，均已被割鳍。鱼翅是鲨鱼制品中最为昂贵的部分，而且中国是最大的鱼翅消费国。

今天中国鱼翅的消费现状

　　根据中国水产流通与加工协会对中国鲨鱼消费的调查报告，从2011年到2013年，中国鱼翅消费普降七成。宣传鲨鱼保护的非营利组织"野生救援"2014年发布的一份调查报告也显示，有85%的中国消费者表示过去三年中停止了鱼翅消费。2004—2014年海关数据则显示，中国内地干鱼翅进口量自2004年的4774吨下降到2014年的20吨；出口量由2004年的2476吨下降到2014年的278吨。但合法和非法的鲨鱼贸易渠道都还存在，2015年厄瓜多尔当地海警就截获了近20万条准备销往亚洲的鱼翅。香港的鱼翅进口经历了和中国内地一样的下降之后，在2015年其实出现了小幅的回升。

"福远渔冷999"号上的鲨鱼肉价值远不及鱼翅，但也是发展中国家的重要食物，部分品种在发达国家也很受欢迎。全球有530多个鲨鱼品种，其中100多种被商业开发。即使数量有所下降，根据联合国粮食及农业组织的数据，2014年捕捞量仍有79万吨。中国沿海省福建也有食用鲨鱼的习惯。福建人张克超说，早在七八年前，他在厦门的菜市场买过鲨鱼肉，十多块钱一斤，与中国消费量最大的猪肉价格相当。但是由于大船才能够捕获鲨鱼，只有大城市才有供应。此外，随着近年中国远洋捕捞船队的扩大，中国在拉丁美洲的渔业活动也在扩大，以满足更多喜欢吃活鱼的消费者的需求。除了"福远渔冷999"，同期还有数条中国渔船在厄瓜多尔加拉帕戈斯群岛海域作业。据称在紧邻的三国（厄瓜多尔、秘鲁、智利）海域内，悬挂中国船旗的渔船队伍最大。

　　加拉帕戈斯海洋保护区既为海洋生物提供了保障，也为人类的后代能看到多样的鲨鱼不断尝试新的项目。

　　海洋旅游业为加拉帕戈斯群岛创造了1/3以上的就业机会，每年带来的经济收益可达1.78亿美元（约合11.75亿元人民币）。此外，由于对大片水域实行禁捕，鱼类繁殖数量大增，产生溢出效应，渔民在禁捕区域之外更容易捕捞到更多的鱼，这无形中增加了渔民的收入。

　　美国国家地理协会驻会探险家安立克·萨拉等人测算，从日益繁荣的观光旅游业和颇受欢迎的潜海体验项目，加拉帕戈斯海域每条鲨鱼一年产生的经济价值可达**540万美元（约3565万元人民币）**。而令人遗憾的是，一条死去的鲨鱼只能给捕捞者带来**200美元（约1320元人民币）**左右的收入。

1
加拉帕戈斯群岛

加拉帕戈斯群岛

加拉帕戈斯群岛独特的地质历史和水文气候造就了独特的生态系统。群岛由大约13个火山岛以及部分小岛和岩石组成，位于赤道正下方，南美厄瓜多尔以西约1000千米。岛屿中最古老的岩石大约有400万年历史，最年轻的岛屿仍受风化作用和变质作用而活跃地变化着。

作为世界上最活跃的火山地区，加拉帕戈斯群岛吸引大量游客参观游览。约97%的岛屿是加拉帕戈斯国家公园系统的一部分，其余的四个地区（波多黎各阿约拉、巴库里佐港、维拉米尔港和弗洛里亚纳）约14 000人居住。在加拉帕戈斯群岛的历史上，有一段时期被全世界称为"魔法群岛"。几千

在加拉帕戈斯拍摄

路氏双髻鲨群

年来，无数物种在这个活跃的生态圈中演化，并以独特的方式适应了变幻莫测、资源有限的土地，而这些挑战也使当地的物种与众不同，别开生面。

群岛于1535年被发现，当时巴拿马的主教托马斯·贝兰加（Tomas Berlanga）前往秘鲁，解决印加人被征服后弗朗西斯科·皮萨罗和他的中尉之间的争端，被洋流送至大洋深处的加拉帕戈斯。1835年，岛屿才首次被进行科学研究，这研究者正是达尔文。在后来的生活中，达尔文坚持认为，他所观察到的有关加拉帕戈斯群岛的事实，是他所有思想和研究的基础。1859年达尔文的伟大著作《物种起源》问世，作品主要基于他在南美洲、新西兰、澳大利亚及南非等地的研究，发展出"物竞天择""遗传变异"等观点，但由于否定了《圣经》的创造论，几乎没有空间容纳《圣经》的教义，因此遭到了严重抨击。达尔文认为，繁殖过度引起了生存斗争，在物种挣扎求存间，它们透过基因遗传和变异来进化。生存下来的生物都是适应环境的胜利者，而不适者被淘汰的过程叫作自然选择，自然选择也造就了生物的多样性。受限于当时科技的发展，《物种起源》的进化论只能通过部

我的鲨鱼朋友

分表象论证，欠缺生物学理论，但无疑为生物科学奠定了基础，并把当时的各种学术研究从神学中解放出来，启发和教育世人。

今天，加拉帕戈斯国家公园管理局和查尔斯·达尔文研究站共同运营这些岛屿。公园服务处提供护林员和向导，并负责监督每年访问的许多游客，而达尔文站则实施科学研究和保护计划。加拉帕戈斯群岛具有异常干燥和温和的气候，通常被归为亚热带。这片不可预测的荒野，充满了独特的物种，这些物种更从人类及其主导的影响中分离出来。加拉帕戈斯群岛的陆地生物多样性较低，因为岛屿距离该大陆960千米，隔着浩瀚的南太平洋，动植物很难到达这些岛屿。除了海鸟，那些在长空中的飞行者，经常需要经过漫长的公海旅行。大多数加拉帕戈斯群岛的生命形式是偶然到达岛屿的，并且经历了漫长的海上航行。在迁徙途中，动植物都暴露于盐水、干燥的风和强烈的阳光下，没有淡水或食物。所以群岛动物的祖先已经非常适应这里的恶劣环境。与热带或亚热带的其他地区相比，加拉帕戈斯群岛的鸟类和哺乳动物很少，许多重要的种群也消失了。但是，火山岛周围的海洋生物丰富，远远超过陆地。"海湾上到处都是鱼，鲨鱼和海龟从各个部位突然冒出头来。"查尔斯·达尔文于1835年9月17日将加拉帕戈斯群岛的生态录入他的日记，当时该船刚刚停泊在该岛的圣史蒂芬港（St Stephen's Harbour），该岛如今在加拉帕戈斯群岛被称为圣克里斯托瓦尔（San Cristobal）。达尔文在"小猎犬"号（HMS Beagle）上旅行了将近四年。群岛周围的水域容纳着令人印象深刻的物种，尽管现今的数量已远远少于达尔文逗留期间。秘鲁寒流与北部的赤道暖流在这里交汇，导致热带、温带和冷水海洋物种在相对较近的地方共享栖息地。整个群岛的海表温度差异可能高达13℃，因此，热带鱼在某些岛屿附近的珊瑚礁中游动，而加拉帕戈斯企鹅则在100千米内的范围捕食冷水沙丁鱼。秘鲁寒流是寒流之首，也是使500多种鱼类聚集的原因，当中远洋鲨鱼约占8%，约有17%或约86个物种是加拉帕戈斯特有的。包括黄尾雀鲷、加拉帕戈斯藤壶、蓝带虾虎鱼、加拉帕戈斯河豚、加拉帕戈斯花园鳗和加拉帕戈斯蛇鳗等生物。

我前往加拉帕戈斯群岛的另一个私心，就是想去看看那些独特的物种。部分物种确实比鲨鱼更具魔力，因为在地球上其他地方，我们没机会看到。比如海鬣蜥，它是加拉帕戈斯的标志，也是我心目中的"黑衣骑士"。

2

海鬣蜥和象龟

在由陆生鬣蜥经历漫长的进化过程中，海鬣蜥的形态发生了一系列变化。最明显的是，它们的尾巴比陆生鬣蜥的尾巴长得多，锋利呈钩状的爪子，让它们攀附在岸边的岩石上，不被大浪卷走。另外，在海鬣蜥的鼻孔与眼睛之间，有一个盐腺，能把海鬣蜥进食时带进的盐分储存起来。当盐腺被装满后，海鬣蜥就高高地昂起头，打一个强劲的喷嚏，而含盐的液体便从鼻子射向空中，又落在自己的头上和脸上，等盐液变干，固结成壳时，就形成了一层"小白帽"，或者说是白色纹面图案。但是，最具视觉冲击力的，还是它身披的黑色斗篷！在19世纪，当达尔文乘坐"小猎犬"号第一次看

海鬣蜥

海鬣蜥

身披黑色斗篷，颈部鬃状的鳞列威风凛凛，一张画满图腾的脸，两排棘状鳞片从后脊延伸到尾部，前肢强劲有力，以尖锐刺突和爪子牢牢地钉在火山岩壁，霸道强壮的长尾匍匐在冰冷的岩石上，那双眺望大海深处的眼睛，大摇大摆、不疾不徐地"嗨爬"，它远古的外观和独特的行为绝对是岛上最具观赏价值的生物，它也是世界上唯一能适应海洋生活的鬣蜥。

到"黑衣骑士"时，曾经这样惊叹地描述："在黑色的火山岩上聚着大量的黑色而又丑陋的蜥蜴，黑得就像岩石的它们，慢慢地爬到海里去觅食……"由于生活在寒潮区，海鬣蜥必须在日光下储存热量，保持较高的体温方能潜入海中觅食，出水后，仍需再靠日光浴的方式提高体温。即使吸收了长达5个小时的阳光，也只能在20℃左右的海水中活动不超过20分钟！可是，在凶神恶煞、外形炫酷的外表下，海鬣蜥在水中的食相绝对会让你大跌眼镜，因为它是一个彻头彻尾的素食主义者，除了偶尔捕食一些甲壳类和软体动物，其主要的食物都是海草和海藻类。它们能在水中逗留达1.5小时及至水深15米处，只要在岩堆中找到藻类，便会紧抓岩缝，抵挡着强劲的水流，对索然无味的海草狼吞虎咽，大快朵颐。

另一种生物是400多年前发现的，这里也是它唯一的栖息地。西班牙人登陆这座孤岛时，发现了一种巨大的生物，它的甲壳长达1.5米，平均体重达175千克，长着又粗又壮的腿，酷似大象的巨足，所以称为"象龟"。西班牙人还将这个岛取名为"加拉帕戈斯"，意思是"龟岛"，而海岛山坡的外形确实与龟背十分相似。这种草食性的动物栖息于山地、泥沼、草地。在加拉帕戈斯看象龟最好的地方就是圣克鲁斯岛，这里的高地随处可见它们缓慢爬行的身影。虽然象龟生活在海岛上，但它们只喝淡水，为了保持身体的湿润，常常趴在泥水中，给自己做个泥疗。缓慢的动作，苍老的脸孔和伸缩的颈部，让它们看上去有点像异形。这个庞然大物，生性十分胆小，稍微大一点的声音，都会让它瞬间变成缩头龟。在达尔文初到加拉帕戈斯群岛时，加拉帕戈斯象龟大约有15个亚种，25万只，现在却只剩下10个亚种约1.9万只。数量剧降的最主要原因是18—19世纪的捕鲸者及海盗经常捕捉象龟作为在船上的食物。

象龟

甲壳长达1.5米，平均体重达175千克，长着又粗又壮的腿，酷似大象的巨足。

我和象龟

今天，受环境污染和外来物种入侵的影响，加上厄尔尼诺现象使东太平洋海水异常升温，很多加拉帕戈斯群岛独有的生物也濒临灭绝。海水温度上升，降低了藻类的产量，导致海鬣蜥面临饥荒，部分地区的死亡率高达85%。大自然留下的最宝贵的一片净土，如今正面临着威胁。然而，我此行加拉帕戈斯的主要目标，还是生活在其中的鲨鱼。

3

加拉帕戈斯群岛的鲨鱼

直翅真鲨
Galapagos
Shark

在全球范围内，已知的鲨鱼种类超过530种，其中32种能在加拉帕戈斯群岛发现，在沃尔夫岛和达尔文岛西北部的鲨鱼更集中，更被确认为世界上鲨鱼数量最多的地区！这也是加拉帕戈斯成为海洋朝圣地最主要的原因，大部分潜水员也是为了鲨鱼而来。

1905年，直翅真鲨首次在加拉帕戈斯群岛附近被发现，所以俗称"加拉帕戈斯鲨"，主要分布在达尔文岛和沃尔夫岛以及群岛周围。它们广泛分布在全球热带和亚热带水域，比如哥斯达黎加的可可岛，但是在加拉帕戈斯群岛，这个物种的分布密度最高，数量最多。直翅真鲨长3~3.6 米，与钝吻真鲨非常相似，但头部、鼻子较圆，尾巴部分较厚。这些鲨鱼的身材细长，呈纺锤形，显得健硕有力。眼睛是圆形的，嘴巴通常在两颌的两侧各有14排牙齿，上齿为粗壮的三角形，下齿较窄，上下牙齿都有锯齿状的边缘。直翅真鲨主要栖息在珊瑚礁周围清澈海水

直翅真鲨，身材细长，呈纺锤形

中的岩石底部，通常在底部上方几米处游泳。它们也会聚集在一起，但显然不像双髻鲨那样形成"风暴"。主要以底层活鱼（鳗鱼、比目鱼）为食，但也吃飞鱼、鱿鱼和章鱼。直翅真鲨是一种常见但受栖息地限制的物种，通常发现在深度为2~80米与岛屿相邻的开阔海洋。它们幼年时期成长的场所仅限于深度小于25米的近岸水域，以避免被其他成年鲨鱼吞噬，而成年之后，则离开近岸。

路氏双髻鲨
Scalloped
Hammerhead
Shark

加拉帕戈斯群岛是世界上少数可以看到路氏双髻鲨聚集成群的地方，和哥斯达黎加的可可岛一样，这里是它们的地盘，它们是三种较普遍的双髻鲨之一。和其他两种双髻鲨最大的区别是头部前缘呈扇形的圆齿状。而我在巴哈马记录的无沟双髻鲨，则有着更加庞大的体型和几乎平直的前缘。双髻鲨的名字源于它辨识度极高的外形：双眼位于形状独特的头部两端。其扇形前边缘能够改善视力，并为用来捕食猎物的电感受器提供更大的

路氏双髻鲨，头部前缘呈扇形的圆齿状

面积，但眼睛的位置使鲨鱼的鼻子前部有明显的盲点，在水中游动时，给人摇头晃脑的感觉，十分可爱。新生的幼崽平均长度仅为50厘米，但可以长至4米。路氏双髻鲨食性多样，包括鱼，例如沙丁鱼、鲱鱼和鲭鱼，偶尔以无脊椎动物为食，例如章鱼。它们还食用较小的鲨鱼，例如乌翅真鲨。它们非常有社交性，喜欢群体生活，领头的路氏双髻鲨一旦确认了安全的环境，就会带着伙伴们，浩浩荡荡地集结而来。

乌翅真鲨在加拉帕戈斯群岛中的无数礁石周围屡见不鲜，一年四季都可以找到它们。 它们生活在世界各地的热带沿海水域中，并经常在浅水的礁滩出没，令背鳍的黑色末端冒出水面，有时也会跳出水面。由于乌翅真鲨体型较小，所以市场价值较低，亦非渔民的目标。然而乌翅真鲨生殖率低，容易出现过度捕捞的问题。

乌翅真鲨
Blacktip Reef
Shark

乌翅真鲨，体呈纺锤形，两个背鳍，鳍尖黑色

鲸鲨
Whale Shark

鲸鲨是世界上最大的鱼类，有公交车般的尺寸，但它比其他任何鲨鱼都更容易接近。鲸鲨以浮游生物为食，将大量的水和食物吸入口中，然后以过滤的方法，把浮游生物留在鳃与咽喉间。这些鲨鱼通常留在公海中，但经常在沃尔夫和达尔文群岛周围被发现。每年7月至11月，鲸鲨迁徙到这个小岛。当地的向导慢慢熟悉了鲸鲨出现的地点，在达尔文拱门（Darwin Arch）潜点，每一次下潜都可以看到这个庞然大物出现。但是，让我意外的是，这里的鲸鲨体型巨大，几乎是我们在热带水域看到的鲸鲨的数倍。而且据统计，这里一共出现过30多头鲸鲨，且均为雌性，很多研究人员尝试通过安装定位器等方式了解它们的习性，但由于鲸鲨下潜深度过深，雌性鲸鲨的出现至今仍然是一个谜。我们只知道，在对的季节，对的地点，可以遇到它们。

世界上最大的鱼类——鲸鲨

墨西哥
虎鲨
Mexican
Hornshark

墨西哥虎鲨仅长1米左右，是在群岛周围看到的最小的鲨鱼，又称为"瓜氏虎鲨"，属于小型鲨鱼，身体上散布一些暗色斑点。看上去它和我在美国西海岸记录的佛氏虎鲨十分相似，从外形上几乎看不出区别，但是仔细观察会发现，佛氏虎鲨头部中间凹陷，身上的斑点也细小很多。墨西哥虎鲨喜欢栖息于砂床及岩石礁区，不善游泳，胸鳍成为它们在海底爬行的工具。但大部分时候，它们更喜欢选择静止不动。仅在加拉帕戈斯群岛和秘鲁西海岸一带被发现，因此对该物种的研究很少，导致其被世界自然保护联盟标记为数据不足。但是，有了加拉帕戈斯保护基金会的支持，这种情况正在改变。加拉帕戈斯品类繁多的鲨鱼，是无数潜水员的终极目标，吸引了他们漂洋过海，只为和这些可爱的物种同游，但是人类的捕猎让鲨鱼的数量已经大幅减少。包括鲸鲨、双髻鲨、墨西哥虎鲨等物种，已经被载入《世界自然保护联盟濒危物种红色名录》。

2018年，我飞往加拉帕戈斯这个遥远的群岛。跨越圣克鲁斯（Santa Cruz）、弗洛雷安娜岛（Floreana Island）、圣地亚哥（Santiago）、达尔文岛（Dawin Island）、狼岛（Wolf Island）和伊丽莎白女王群岛（Queen Elizabeth Islands）……追寻记录鲨鱼的足迹。我希望了解鲨鱼的现状，聆听一切和它们有关的故事。沃特在船上当了25年向导，他告诉我，2017年中国渔船运输的鲨鱼大部分都是路氏双髻鲨，而今年我们看到的所谓胜景，其实已经远不如从前，现在我们能看到的鲨鱼可能不到2017年之前的40%，也许我们需要

墨西哥虎鲨，属小型鲨鱼，身体上散布暗色斑点

很长的时间，才能恢复它们曾经的兴旺。但尽管如此，我还是被这里海底鲨鱼的"风暴"所深深震撼，我在哥斯达黎加的科科斯群岛（Cocos Islands）记录过成群的路氏双髻鲨，也在班达海领略了双髻鲨"风暴"，可是，到了加拉帕戈斯的达尔文岛和沃尔夫岛，才知道小巫见大巫。在这里，每年迁徙而来的双髻鲨在深邃的幽蓝里，驾驭巨大的海流，摇摆身体，我们唯一要做的，就是在石头缝中找到舒适的位置，不被水流带走，然后只管仰观着川流不息的双髻鲨群来来往往，屏住呼吸，等待它们靠近。沃特告诉我，以前双髻鲨的数量多达上千条，像一面密实的墙体，遮天蔽日。为了证实沃特所言，离船之后，我找到了曾经和英国广播公司一起拍摄加拉帕戈斯水下纪录片的摄影师马赛厄斯，他向我描述了同样空前绝后的鲨鱼盛况。他向我分享，在水下他最大的乐趣，就是闲来无事的时候，慢慢数眼前的鲨鱼数量，数到1000，就像孩子睡不着数绵羊般纯真无邪。往后我不时幻想上千条双髻鲨游游荡荡的场景，应该是瞬间乌云密布的感觉吧。我又有点感慨，天下美景之多，人穷其一生追寻也只是以管窥天。

在全球海域，双髻鲨因为商业捕捞遭遇了巨大的威胁。2016年，我前往哥斯达黎加可可岛，就是因为罗伯的一部纪录电影《鲨鱼海洋》，他在可可岛记录的双髻鲨被渔民捕猎的画面令人咋舌。在2018年，我在墨西哥的一个小渔村，就目睹了双髻鲨同样的遭遇。跟随当地渔民出海的经历再次浮现在我的脑海中，那是我永远无法忘记的一瞬间：鱼线上双髻鲨已经失去了生命，人类残忍地割下了它们的鱼鳍，剩下残骸随地乱扔，然而，渔民并不是最大的收获者，罪魁祸首始终是人类的无知和麻木。为了保护加拉帕戈斯宝贵的物种资源，当地政府设定了40英里（约64千米）的海洋外围保护区，可我们知道，对于双髻鲨这种迁徙型的鲨鱼，这块保护地只是冰山一角，大量的双髻鲨在科科斯群岛和加拉帕戈斯之间迁徙游动，离开保护范围，就是大量渔船渔猎的公海，那里有巨大的渔网、长线鱼钩在等着它们，威胁还依然存在，鲨鱼的数量依然在减少，让我内心充满忧虑。

在圣克鲁斯岛（Santa Cruz Island），我和麦克兰（Macran）相遇，在他的故事中我找到了安慰和答案。麦克兰是曾经屠杀海洋生物的渔民，在自我的觉醒和改变中，成为一名守护海洋的潜水教练，培训当地渔民，通过改变自己也改善了他

蓝脚鲣鸟

们和海洋的关系。如今鲨鱼、海狮、魔鬼鱼这三种生物，成为他印在胸口的标志，让他警醒自己，只有当我们开始自知，放下贪欲，才能重新找回人与自然的平衡。我们曾经因为无知，因为利益，对鲨鱼造成的伤害，也许可以随着时间慢慢遗忘，但是鲨鱼数量的恢复，海洋生态的修复，却是需要更长时间才能实现。也许在短期之内，我们无法再目睹生物百花齐放的盛景，但我坚信，当我们走出利益的牢笼，提升对海洋的保护意识，有一天物种会再次繁荣起来。

在我踏上加拉帕戈斯的片刻，我就坚信我一定会再来。在这个古奥奇妙的生境里，每一种生物都活在自由而独立的生命轨迹中。离开加拉帕戈斯之后的数个夜晚，时差令我辗转反侧，半梦半醒间，我总会快乐地与它们相遇，翻车鲀、路氏双髻鲨、纳氏鹞鲼、达氏蝙蝠鱼、海狮、海鬣蜥、蓝脚鲣鸟……在时光的隧道里，我

纳氏鹞鲼

达氏蝙蝠鱼

翻车鱼

看到它们或独自、或成双、或结队地站在时间的长河边为自己精心打扮，自由地歌唱和慵懒地起舞……

感受到加拉帕戈斯当地民众对环境保护的真诚，我决定学习和了解这个保护区的相关政策。自20世纪60—70年代开始工业化捕捞以来，过度捕捞导致全球鲨鱼数量下降约90%。但是，加拉帕戈斯群岛，尤其是达尔文岛和沃尔夫岛的北部岛屿，为地球上最大的鲨鱼提供了庇护所。这很大程度上要归功于加拉帕戈斯海洋保护区在其边界内为海洋生态系统提供的保护。其中，查尔斯·达尔文基金会一直在致力于加深对鲨鱼及其环境的了解，从而为制订有效的管理计划提供坚实的科学基础，确保鲨鱼的长期生存。

为了对鲨鱼的分布和丰富度以及影响生物的环境深入了解，2015年，保护区的48个地点部署了诱饵式远程水下立体视频系统（stereo—BRUVS），发现了总共877条鲨鱼，包括10个不同品种，在达尔文岛和沃尔夫岛发现的鲨鱼个体数量最多。但是，在伊莎贝拉、弗洛里亚纳、圣克鲁斯和达芙妮岛上发现的鲨鱼的多样性最丰富（种类最多）。在保护区中，最常见的鲨鱼种类是直翅真鲨、路氏双髻鲨、乌翅真鲨和灰三齿鲨，占视频中确定的鲨鱼的83%。这些物种占据着相似的栖息地，因此容易被一起发现和记录。2016年，在群岛四个有人居住的岛屿（圣克鲁斯、伊莎贝拉、圣克里斯托瓦尔和弗洛里亚纳）进行了"保护鳍和海洋胜利"的教育活动。主要目标是改变人们对鲨鱼的负面看法，并促进加拉帕戈斯群岛成为人类与这些动物之间可持续共存的典范。通过参观学校，教育了1500多名9~12岁的儿童，让他们了解鲨鱼在维持海洋生态系统健康和支持当地人类社会中的重要性。2017年，在"拯救我们的海洋"基金会的支持下，保护区创建了海洋教育项目。该项目不仅以科学信息为基础，而且还为当地社区的成员提供了体验和探索海洋世界的机会。通过这种方式，他们可以了解岛屿周围的海洋生态系统以及这里的鲨鱼。此外，还创建了"鲨鱼大使"俱乐部，该俱乐部拥有50多名成员，这些成员都是12~17岁的本地学生。除了向他们讲授科学家用来研究鲨鱼和其他海洋物种的方法，俱乐部还为他们提供了更多学习实用技能的机会，例如浮潜时的物种识别。鲨鱼大使有权开展活动，以促进当地海洋生态系统的保护，使他们能够成为社区变革的积极推动者。得益于保护区一系列的有效措施，加拉帕戈斯群岛是全球少数几个鲨鱼种群保持健康的场所之一，为研究人员提供了独特的研究机会。

相对于其他鱼类，鲨鱼数量少，繁殖率低，性成熟晚，一旦被过度捕捞，其种群很难恢复。对鲨鱼种群大规模的捕捞与商业利用会给当地生态环境带来破坏性影响，也缺乏可持续的发展。

鲨鱼保护

　　世界自然保护联盟的鲨鱼专家小组于2019年3月公布了新的"红色名录评估"（Red List Assessments）。评估结果显示，在被评估的58种鲨鱼中，有17种存在灭绝风险，其中6种被列为"极度濒危"，其他11种被列为"濒危"和"易危"。目前被列入《濒危野生动植物种国际贸易公约》附录Ⅰ和Ⅱ的鲨鱼，包括姥鲨、鲸鲨、长鳍鲭鲨、噬人鲨、长鳍真鲨、鼠鲨、路氏双髻鲨、锤头双髻鲨、无沟双髻鲨、镰状真鲨、尖吻鲭鲨和三种长尾鲨（深海长尾鲨、浅海长尾鲨和弧形长尾鲨）。

随着人们的认知水平越来越高，全球各个国家对鲨鱼的保护措施和政策也陆续出台。目前，世界各国立法对鲨鱼进行的保护大体上有三类：一类是禁捕鲨鱼，比如从2010年起，马尔代夫立法全面禁止捕捞鲨鱼；另一类是禁止鲨鱼类产品的交易，比如从2011年起，巴哈马不仅全面禁止捕鲨，还禁止一切鲨鱼产品的销售和交易；还有一类是禁止对鲨鱼进行分割出售或处置，比如阿根廷立法规定，从2009年开始，禁止保留鱼翅而抛弃鲨鱼尸体其他部位的行为。智利、哥伦比亚等国也规定，捕捞上岸的鲨鱼必须保持鱼翅与鱼身的自然连接。《养护大西洋金枪鱼国际公约》《地中海鱼类保护公约》等区域性国际海洋立法要求，对鲨鱼的利用必须是完整的，并规定对首次捕捞上岸的鲨鱼，鱼翅部分的重量不得超过鲨鱼总重量的5%。

　　在中国，姚明曾经积极地为鲨鱼保护代言，对鱼翅消费说"NO"，呼吁社会"没有买卖，就没有杀害"。而发生在加拉帕戈斯的鲨鱼盗猎行为，无疑是利益和消费的驱动下一次次的铤而走险。虽然，全世界鲨鱼和海洋生态保护组织努力在为鲨鱼提供一片净土，但唯有通过科学的消费引导，终止非理性的消费需求，才能禁止偷猎、盗猎，为鲨鱼和海洋留下一条生路。

扫一扫　　　扫一扫　　　扫一扫

海鬣蜥　　　象龟　　　双髻鲨

巴哈马岛的鼬鲨

第十三章

巴哈马鼬鲨

早在2016年，我就在哥斯达黎加的可可岛和数头鼬鲨短暂同游，然而这对我来说还算不上正式的邂逅和交流。为了能够深度了解和记录这个海底巨兽，2017年，我预订了2018年前往巴哈马虎滩拍摄鼬鲨的行程。因为，对于全世界鲨鱼爱好者来说，巴哈马的虎滩无疑是全世界记录鼬鲨最佳的地方。但2018年加勒比海突如其来的飓风导致行程被取消。这一年，随着飓风走了，鼬鲨也走了。我和鼬鲨的约会最终在2019年才成行。虽然有点遗憾，但也恰好给了我充足的时间来做功课，让自己尽可能地了解它们。

巴哈马岛海岸风景

鼬鲨，俗称"虎鲨"，但有时候虎鲨指的是虎鲨目、虎鲨科下的物种，容易搞混，所以我们还是称之为鼬鲨。它们身体上有条纹，很像老虎的斑纹。幼鲨身上大理石一般的斑纹非常明显，随着它们的成长慢慢褪为淡色的横纹，也有些纹理消失了。镰刀状的牙齿也是识别它们的重要标志。在现存最大的鲨鱼中，鼬鲨的平均体型大小位居世界第四位，仅次于鲸鲨、姥鲨和大白

鼬鲨

成年鼬鲨身长平均为3.3~4.3米，体重385~635千克。成熟的雌性体格要比雄性更大，目前有记录的最大的雌性鼬鲨长达7米以上，体重超900千克，是海洋中名副其实的猛虎。

鲨。成年鼬鲨身长平均为3.3~4.3米，体重385~635千克。成熟的雌性体格要比雄性更大，目前有记录的最大的雌性鼬鲨长达7米以上，体重超900千克，是海洋中名副其实的猛虎。它们分布范围比较广，在全世界南、北纬40度之间的温带和热带海域，都有它们的踪迹。而且，它们生活在沿海的中上层水域，从水面到约350米水深。尽管它们对不同的海洋栖息地具有广泛的耐受性，但它们似乎更喜欢在大陆和岛架附近的水域活动，经常可以在近海的河口、珊瑚环礁和潟湖中发现它们。白天它们会在较深的水域活动，变身成孤独的猎人，进入浅水区域开始觅食。鼬鲨生性活泼，游泳能力很强，是海洋中最大的捕食者之一，它对人类的袭击次数，仅次于大白鲨。虽然我们无数次提到，人类并不在鲨鱼的食物链上，但这种偶尔出现的情况，也让它在最具攻击性的鲨鱼名录中榜上有名。所以人们提到鼬鲨一样会心存畏惧。它们属于一种杂食性的生物，在所有鲨鱼种类中饮食种类最多，非常贪吃。它们饥不择食，基本上抓得到的都吃，除了一般的鱼类、海龟、海鸟，它们也吃一些小的鲨鱼，甚至一些鲸尸和软体动物。人类有时在它们的胃里还发现一些类似陆地动物、轮船垃圾之类的物品。它们庞大的体格和机能需要大量的食物补给，所以这些大胃王在饥饿时会吞下人类的废弃物。

1
鼬鲨之谜

鼬鲨在世界各地迁徙，但是它们的方向和迁徙模式一直以来都是一个谜。直到《科学》期刊上发表了一项美国佛罗里达诺瓦东南大学的盖伊·哈维研究院（Guy Harvey Research Institute）和英国普利茅斯的海洋生物协会（Marine Biological Association）的研究结论，才将这个海洋巨兽的行踪公布于众。科学家们历时三年，对这种海洋巨兽展开了有史以来时间最长的持续追踪，终于揭开了它们隐秘生活的详细信息。为了长期追踪，科学家运用卫星标签技术追踪了24条鼬鲨，包括20条雄鲨和4条雌鲨。这些标签会在它们浮出水面时将它们的位置信息发送回来。在安装了标签的24条鼬鲨中，追踪时间超过1年的有18条，超过2年的有8条，超过3年（1101天）的有1条。在此以前，科学家们都认为鼬鲨只栖息在沿海地区。但这次他们意外地发现，鼬鲨每年都会完成史诗般的迁徙，有一些每年会展开7500多千米的旅行，冬季前往加勒比海的珊瑚礁，在加勒比群岛周围的海域过冬，也有可能前往附近的巴哈马群岛、特克斯和凯科斯群岛以及安圭拉岛海域；夏季则来到北大西洋中部的开阔水域，它们一路向北，进入大西洋中部海域，有些甚至会到达美国的康涅狄格州。因为迁徙的鲨鱼会反复回到它们最喜欢的加勒比热带海域过冬，所以，每年11月到翌年2月，可以在巴哈马的虎滩遇到它们。

在众多的鲨鱼中，跟鼬鲨一样有长距离迁徙习惯的鲨鱼只有大白鲨和鼠鲨，大白鲨会在美国西海岸与太平洋中部开阔海域之间迁徙，而鲑鲨则会从阿拉斯加向南迁徙到加利福尼亚州附近海域。这些迁徙历程不同于其他鱼类，反而与鸟类和龟类更加接近。研究团队和英国海洋生物学家詹姆斯·莱亚（James Lea）指出，鲨鱼能在"布满珊瑚礁的浅

鼬鲨

滩和浩瀚的开阔海域"这两种"对比极其强烈"的水域之间舒适地迁徙，是一种"极不寻常"的现象。这种"马拉松式的迁徙"证明了鼬鲨有"非凡的导航能力"。它们在温暖的月份表现如开阔海域的远洋鱼类，而在较冷的月份则比较像礁鲨，算一种"多模式"鲨鱼。不过，这些研究还没有解开我内心其他的疑问：

鼬鲨的未解之谜

◎ 这些体型庞大的海洋生物为什么要长途跋涉这么远的距离呢？

◎ 为什么鼬鲨每年冬季来巴哈马的虎滩？

◎ 它们来这里是因为有固定的食物吗？还是其他的原因？

◎ 潜水员在毫无防护的情况下和它们近距离接触，真的没有任何危险吗？

◎ 对鼬鲨的喂养会改变它们的生活习惯吗？

◎ 潜水活动的经营会对这个物种产生负面的影响吗？

2
巴哈马
鼬鲨之约

　　2019年，带着对鼬鲨的基本了解和这些疑问，我踏上了巴哈马虎滩的约会之旅，希望通过此行能找到答案。尽管鼬鲨遍布全球，但只有两个目的地提供专门的鼬鲨潜水机会——南非和巴哈马。这两个地方都可以近距离和鼬鲨同游，不过巴哈马虎滩因为水温始终温暖，能见度无与伦比，所以成为专门观察鼬鲨的潜点，在潜水圈非常有名。巴哈马，在西班牙语中为"浅海"的意思，它由石灰、石碳酸盐平台和浅滩组成。大巴哈马浅滩覆盖了群岛的南部，小巴哈马浅滩覆盖了北部，中间是一道深度为4000米的海底隧道，当墨西哥湾流穿过加勒比海，然后到达佛罗里达海岸时，巴哈马河岸的河道、珊瑚礁和礁石被大西洋洁净水流冲洗，使该地区变得富营养和食物，带来大量鲨鱼。虎滩位于大巴哈马西端西北约30千米处，鼬鲨有5~6个月在百慕大北部和西部的开阔大西洋中度过，横跨春、夏季。随后向南迁徙到巴哈马，冬季就停留在虎滩附近海域。我们在杂志或网上看到的绝大多数鼬鲨照片都应该来自这里。沙质场地的潜点通常

潜水员拍摄鼬鲨

没有水流，并且拥有水晶般的能见度。最棒的是，它的最大深度仅为6米。潜水员可以轻松地在滩底固定位置，不受空气消耗或减压限制的约束，全神贯注地欣赏这些难得一见的朋友。

　　长途的飞行，蹩脚的位置，没有东南亚海岛熟悉的氛围，没有度假胜地的喧哗……来到大巴哈马岛的人和我一样，只有一个目标——鼬鲨。我在自由港的一个潜水公寓安顿下来，这是史诗潜水中心（Epic diving center）所在地，出发码头就在公寓后，十分方便。但这里四周没有任何的物资补给，幸亏有经验的同伴老钱沿途买了几袋方便面，才让我们折腾已久的肚子得到安抚，但只要一想到明天可以和鼬鲨见面，二十几个小时飞行的疲惫和时差的困扰，瞬间荡然无存。唉，也许我患了一种相思病，只有鲨鱼能治。第二天，天没亮，我就整理好了器材，去码头等待船只，跟随专业向导前往虎滩。碧蓝的海水，清澈见底，洁白的细沙让海水泛出银色的光芒。向导认真地讲解关于当地鲨鱼保护的知识和鼬鲨潜水的注意事项。从2011年开始，巴哈马建立了鲨鱼保护区，潜水员可以在保护区内和鲨鱼同游。但安全规则是下潜的前提，毕竟这里是它们的栖息地，我们只是慕名而来的客人。一群佩氏真鲨和尖齿柠檬鲛跟随着船只，为鼬鲨的出现成功暖场。第一次潜入虎滩水下的体验至今难忘，在温暖通透的"玻璃水"里，被几十条大型的鲨鱼包围，这种感受和我们在图片或视频上看到的完全是两回事。但无论我们多么震撼或者激动，在进入水

鼬鲨（摄影师：钱博深）

下，沉入沙地的那一刻都会平静下来，大海就是有这样的魔力，可以让我们在呼吸之间找到自己内心的独白，安定下来。

按照向导的要求，我们尽快下降至沙地底部，向导带着投喂的食物箱子慢慢来到我们前面。在这里潜水的规则之一，就是不要过于靠近食物箱子，以避免因为鲨鱼捕食造成意外伤害；其二就是我们要保持360度的视线，随时关注自己的身后，不用担心尖齿柠檬鲨和佩氏真鲨，但要注意鼬鲨的位置。向导的食物箱被放置在海流中，以便将鱼饵的气味带到下游，而鲨鱼则在"跑道"上，朝气味的方向慢慢游来。礁鲨最喜欢成群地出现，尖齿柠檬鲛则来得有点鬼祟，像半夜偷食物的孩子。当我们还在注视那些俏皮的尖齿柠檬鲛，鼬鲨悄无声息地靠近了，让群鲨黯然失色，它庞大的体型，威武的气势，不紧不慢的节奏，就像森林中的狮子王，展示了自己对这片水域绝对的统治权。其他鲨鱼似乎也自觉地知道了自己的地位，在鱼群中散开，王者登场。我一直坚信一个原则：要真正了解鲨鱼和人的关系，我们需要在自然环境中亲眼看见它们。在虎滩的三天，我反复进入鼬鲨的世界，和鼬鲨、礁鲨、尖齿柠檬鲛同游。我与这些生物在水中相互感知，这种透彻的了解是书籍、网络无法带给我的。

　　鼬鲨在水下最醒目的，还是它那一身霸气的虎皮，深灰色身体上镶嵌着一条条美丽的条纹，和它们健硕的身型完美结合，让它们成为拳击争霸赛中浑身刺青的王者。大部分时候，我都在它们身体底部观察，被它雪白的肚子闪到双眼。它们身体

两只鼬鲨结伴而游

和腹部的颜色差别很大，这是它们捕食时的伪装，当猎物从上方看着鼬鲨时，暗深色的肌肤让它们和底部的海床融合一体，而当猎物在它们下方抬头时，白色的肚皮就成功地把它们藏在明亮的光线之中。从我们进入水下开始，鼬鲨就慢慢在我们身边聚集起来，随处可见！它们是一种聪明而好奇的动物，往往会接近潜水者，尤其是摄影师。因为即使是相机发出的微小电声信号，也难逃它们的感觉系统，它们经常把鼻子凑过来，或者用巨口触碰相机。这时，我看到了一张方形的脸，真的很方！完全不符合现代美学的审美观点，胖乎乎的脸上像咧着一丝傻笑，让它们多了一份憨厚之态。我开始理解为什么向导要让我们保持360度的视线，好奇的家伙绝对能无声无息地潜伏在你身后，又在你耳边划过，让你毫无准备。通常，会有一个向导在我们面前投喂食物，而另一个向导，则站在我们身后，善意地推开那些从身后靠近我们的好奇宝宝们。鼬鲨虽然无意伤害人类，但是它们那些非常尖锐的锯

齿可以切穿肉、骨头和其他坚硬物质（例如龟壳）。像大多数鲨鱼一样，鼬鲨的牙齿在其整个生命过程中不断被替换。鼬鲨的齿虽然比大白鲨的齿短得多，但齿根几乎一样宽，适合于对坚硬的猎物进行切片。所以，即使是浅咬一口，也是非常危险和致命的。最让我震惊的，是向导威森和鼬鲨们的关系。他2012年来到虎滩，和他夫人一起经营着潜水中心，带领客人冬季看鼬鲨，他对每一条鼬鲨和鱼类都有深刻的了解，每一年他都会发现一些新来的鼬鲨，也会见到很多老朋友。而且，这些鼬鲨似乎对他特别亲近，这也更加坚定了我的理解，鲨鱼是有长期记忆，而且可以和人类产生特殊关系的。海洋生物学家现在认为，鲨鱼也许可以保留最多一年的记忆，这就可以解释为什么鼬鲨看到威森可以表现得不一样。它们可以认出威森，知道箱子里藏了食物，也知道威森对他们无害。几天观察下来，我发现，威森可以和鼬鲨随意地互动，抚摸它们的身体，向它们的嘴巴里递送食物，善意地推开过于亲近的它们。但是，和威森的行为相比，鼬鲨的行为更让我们震惊。这些海底巨兽，为了向他讨食物，可以使出浑身解数，除了直接索要，它们更会向威森撒娇，就像宠物一样，在他身边赖着不走，或者耍脾气，它们用背鳍作枢轴，快速旋转，无论威森怎么推开它们，它们都在他身边原地转圈，用头部蹭着威森的手，让人忍俊不禁。配合着它那对近似圆形的眼睛，这些庞然大物瞬间显得呆萌可爱。即使威森离开食物箱，鼬鲨也会跟他追逐，看来人类朋友比食物更让鼬鲨动心。虽然大部分鲨鱼上下瞳孔都不能活动，但是鼬鲨瞬膜发达，可以遮盖眼部，它也利用这个独特的造

向导威森喂食鼬鲨

型，深得人心。

就这样，在巴哈马的虎滩，鼬鲨和人类近十年如此近距离的相处，并没有危险的事件发生。在我看来，最具攻击性的鲨鱼之一的地位，并不是针对人类的。在虎滩，有一位鼬鲨"女王"，大家给她取名为艾玛。 她体型庞大，体重达600多千克，身长15英尺（约4.58米）。 每当她出现时，其他鼬鲨都会回避视线。她对水下摄影师很感兴趣，"女王"的私影照遍布全球，是被拍照次数最多的鲨鱼。

鼬鲨无疑是这片海域的明星，但其实舞台上还有不少可人儿。柔软的白沙四处飞溅，形成完美的波浪状波纹，十分美丽。在每年冬季的11月到第二年的2月下旬，我们还可以遇到路氏双髻鲨。路氏双髻鲨平均身长可达3.5米，即使在鼬鲨身边游动，也丝毫不显得小巧。在这里我得到了一张珍贵的照片：鼬鲨和路氏双髻鲨齐头并进，一起挤在画面的框中。在照片中，路氏双髻鲨更靠近我，因为近大远小的关系，它旁边的鼬鲨反而显得有点小鸟依人。 在巴哈马有一个专门潜水观看路氏双髻鲨的地方——比米尼群岛。墨西哥湾流带来了大量的鱼卵和幼虫，然后沿途沉积在岛上。比米尼群岛由于其大面积的红树林和海草而得天独厚，为卵和幼虫提供了成长的苗圃，让所有鱼类受惠，所以，路氏双髻鲨也是那里的常客。

路氏双髻鲨与鼬鲨同游

尖齿柠檬鲛

成年尖齿柠檬鲛通常长达3.5米，重约190千克，是较大的鲨鱼之一。尖齿柠檬鲛也是闻名的游泳选手，它们会迁移数百千米到达交配地点。雌鲨在约12个月的妊娠期后产下15~20只幼鲨。

在海底游动的尖齿柠檬鲛

除此之外，这里全年都会有尖齿柠檬鲛、铰口鲨和佩氏真鲨。在虎滩6米水深处，光线几乎没有减弱，也让颜色生动的尖齿柠檬鲛格外显眼，阳光下，它们的皮肤发出金黄色的光芒。尖齿柠檬鲛因其体表明亮的黄色或棕色而得名，在大西洋和太平洋沿海地区的热带和亚热带水域中生活，活动深度通常不超过80米。这个贪婪而好吃的家伙，常常会围绕在食物旁，瞪着小眼睛寻找吃食。但最让人难忘的是它们东倒西歪的牙齿，这也许是全世界牙科医生的"噩梦"。成年尖齿柠檬鲛通常长达3.5米，重约190千克，是较大的鲨鱼之一。尖齿柠檬鲛也是闻名的游泳选手，它们会迁徙数百千米到达交配地点。雌鲨在约12个月的妊娠期后产下15~20条幼鲨。尖齿柠檬鲛性情温和，对人类甚至其他鲨鱼，也很少表现出攻击性，而且从未有记录表明它们的攻击会致命。

佩氏真鲨也是虎滩的常客，它们体型庞大，身姿矫健，具有独特而流线的形状、大眼睛和短而圆的鼻子，胸鳍及背鳍的顶端呈黑色。这种鲨鱼分布于美国东海岸，向南直至巴西，长至3米，重达70千克。可惜派对上明星太多，这种大型鲨鱼也只能黯然神伤地徘徊在舞台的周边。尽管它们是专业的猎手，但不曾攻击人类，并且通常对潜水员、浮潜者和泳客无动于衷。但是，它们在有食物的情况下会变得具有侵略性，如果受到威胁，身体会呈锯齿形弯曲，并举起胸鳍来表现出威胁性行为。

大部分时间，鼬鲨在海底独领风骚，但一不小心，就会被一些奇趣可人的配角抢了风头。石斑鱼体格本身不小，只是在鼬鲨和无沟双髻鲨身边相形见绌。但它们凭借高超的智商，猝不及防的速度，成功吸引了大家的眼球：永远围绕在装有食物的铁皮箱附近，成功地在向导和鼬鲨之间来回穿梭，窥视着盘中餐。这种智商超群的大鱼，善于审时度势，既要躲避大型鲨鱼的攻击，又要觊觎向导铁皮箱中的食物，还要时不时地学会捡漏，是秀场里当之无愧的最佳配角。在威森看来，这些狡猾的家伙，比大个头的鼬鲨更加需要小心提防，因为一不小心，它们就会"虎口夺食"。

加勒比海变化无常的天气，让潜水旅程充满未知，观察鼬鲨的行程经常因天气变化被取消。不能潜水的时候，我会在附近的水域浮潜，沙地的海床上铺着厚厚的海草，浅滩的海湾里，还有机会遇到大海中的"常青树"——绿海龟。作为大型鲨鱼的主要食物之一，大量海龟的出现让我陷入思考：这是否就是鼬鲨每年迁徙而来的原因呢？我向当地向导和生物学家请教。在他们提供的研究资料里找到答案：每年在虎滩出现的鼬鲨大部分为雌性。研究人员对鼬鲨进行超声波检查，并采集血

巴哈马群岛海域，海龟啃食海草

液样本进行激素分析，以确定这些大型捕食者的繁殖状况。这些技术（超声成像和血液激素分析）使研究人员掌握鼬鲨是否怀孕，包括怀孕周期和妊娠时间。在对鲨鱼进行"怀孕检查"后，再用卫星发射器给鲨鱼贴上标签，以跟踪鲨鱼的运动并评估行为模式，研究亚热带大西洋鼬鲨的大规模运动。除此之外，为了掌握它们在虎滩小规模居住的模式，研究人员使用了声音标签进行跟踪。声音标签是通过外科手术植入鲨鱼腹部的小型发射器（大概和一节7号电池大小相似）。虎滩水下布放了大量的水下接收器，收集发射器发出的超声波信号，这些接收器记录了带有声学标签的鼬鲨在水下接收器约500米范围内游泳的日期和时长等数据。这一研究可能会揭示出鼬鲨发生交配、妊娠或分娩的位置。结论也如他们所推测，大多数鼬鲨是雌性的，其中许多是怀孕的。大西洋鼬鲨一年当中，在公海的几个月主要是与交配和觅食有关，而冬季则回到巴哈马妊娠。研究结果对于当地管理和保护鼬鲨至关重要。

3
巴哈马鲨鱼保育的拓荒路

巴哈马作为加勒比海中的一个岛国，距离美国东海岸的佛罗里达州不远，一直以风景如画和清澈的海水见称。但多年来，这个国家一直遭受过度捕捞的困扰，而且过度开发生态敏感地区。这个国家并不是海洋保育最前沿的国度。由于国家没有主要产业，海洋是他们赖以生存的唯一收入来源。他们开始意识到水域的健康与他们的经济长期发展息息相关。因此，巴哈马国家信托基金会于1959年成立，且在1958年设立了世界上第一个海洋保护区——112 640英亩（约456平方千米）的埃克苏马岛陆地和海洋公园。现在看来，巴哈马称得上是海洋保育的拓荒者！此后，巴哈马又增加了26个国家公园，覆盖了超过4000平方千米的陆地和海洋，并颁布了重要的环境法规，包括1986年将埃克苏马礁（Exuma Cays）列为禁止采伐的海洋保护区。然后在2011年，政府又向前迈进了一步，成为世界上第四个建立鲨鱼保护区的国家。为所有栖息在这里或者迁徙而来的鲨鱼，包括无沟双髻鲨、鼬鲨和长鳍真鲨、礁鲨、尖齿柠檬鲛等动物创造了极为重要的庇护所。这对于因为妊娠前往虎滩的雌性鼬鲨尤为重要。因为捕捞怀孕的鼬鲨，将彻底破坏鼬鲨生育繁衍的进程。从2011年建立鲨鱼保护区开始，将鼬鲨的活动范围设置为核心保护区内，它们在这里得到了全面的保护。

冬季，它们可以在巴哈马温暖的水域内分娩，健康的海洋生态环境，也给产后的母鲨和幼鲨提供了营养保障，这也是今天，我们可以在水下看到鼬鲨成群出现的原因。

在国家致力于鲨鱼保育的氛围下，当地人也开始了解鲨鱼的存在对其渔业整体健康十分重要，而且活鲨鱼在旅游业中的价值要比死去的鲨鱼高得多。据统计，每年与鲨鱼相关的活动，为该国经济贡献价值约5000万美元。虽然我们知道了鼬鲨迁徙而来的目的，以及当地对鲨鱼保护的政策，可我还是有一些疑问需要解答：鲨鱼的喂养是否对鲨鱼的习性有影响？近年来，很多人对于鲨鱼潜水和喂养存在一定的质疑，包括：

鲨鱼潜水和喂养是否对鲨鱼的习性有影响

◎ 诱饵是否会改变鲨鱼的数量：潜水旅游的目的是取悦客人，将食物放入水中吸引鲨鱼，可能导致该地区的鲨鱼过量增加。

◎ 对鼬鲨的行为是否有影响：喂食鲨鱼降低了鲨鱼野外的生存能力，让它们习惯获得"免费"的食物。

◎ 是否对整个生态系统产生影响：改变鲨鱼自然的捕食行为，可能对整个食物网构成不良影响。

◎ 是否会让鼬鲨习惯了食物的投喂：它们会在食物到达水下之前就出现在该区域，甚至听到船的马达声就赶来。

但是，尼尔·汉默施拉格（Neil Hammerschlag）博士最近通过迈阿密大学进行的一项研究得到的结论发现，鼬鲨的投喂并不会对其行为产生负面影响。首先，通过监测，

在海底拍摄鼬鲨

短期停留在巴哈马的鼬鲨并没有改变它们的迁徙方式，不会因为食物而停留在一个水域，影响繁殖。其次，尽管是从潜水员那里获得食物，但它们的日常活动和捕食并没有受到影响。相反，随着旅客和潜水员的增加，在水下近距离地接触鼬鲨，使人们对鼬鲨的态度得以改变，对提高鲨鱼的保护意识，起到了非常积极的作用。这一点，我完全可以理解，随着这些年潜行的经历，也更加坚定了这个观点，包括我认识的潜友和同伴，所有人对鲨鱼的保护意识都自觉地提高了。而这些转变，除了归因于潜水过程，保护区和向导关于鲨鱼知识的宣传，更源自每一个个体在和这些大型生物平和相处之后发自内心的转变。

很少有生物能够像鲨鱼一样激起我们内心原始的恐惧。也许是因为身处在一个人类陌生的环境里，而且它们似乎完全统治了这一环境，或者因为它们吃东西的样子太可怕，我们害怕成为它们的大餐。但毫无疑问，大众媒体在传播对鲨鱼极为消极的看法时发挥了重要作用，斯皮尔伯格导演开创性的电影《大白鲨》所带来的对鲨鱼的恐惧和厌恶深入人心，并在自媒体中反复对民众洗脑。导演也许觉得后悔，因为他们夫妻也是潜水员，是鲨鱼和众多海洋生物的爱好者。

我们知道，鲨鱼咬人的数量要比人类自我伤害造成的死亡少太多了。但是相反，有多少鲨鱼被人类屠杀了？比如，**尖吻鲭鲨**或者**墨西哥湾镰状真鲨**分别**减少了70%和86%**。在西北大西洋，**双髻鲨**的数量**减少了89%**。每天估计有**20万条**鲨鱼被捕，或者换句话说，每年大约有**7300万条**鲨鱼从我们的海洋中被捕走。这场屠杀的结果同样令人难以置信，其中有**75%**的鲨鱼和鳐鱼已灭绝或几乎濒临灭绝！因为在一般公众心目中，唯一的好鲨鱼就是死了的鲨鱼！

　　在过度滥捕、水质污染等情况下，鲨鱼已不像以前那么密集了，要看到成群的鲨鱼，都必须前往它们受到保护的地方。海洋环境非常复杂而多面，我并不是一个海洋学家或者生物学家，我所有的海洋知识，都来自我在海洋中每一次的观察和感受，和我厚着脸皮四处打探的结果与经验。我们都知道，4亿年的演变，让海洋已经产生了所谓的"精细平衡"。鲨鱼和海洋生物形成了完整的食物链，在这个海洋生态系统中，鲨鱼的地位和重要性是不言而喻的，无论是浅滩还是公海，可以将其视为海洋生态系统的主人。如果我们把海洋的生物链比喻成多米诺骨牌，那么鲨鱼

海底拍摄

就是第一张骨牌，当你推动它倾倒的同时，整个骨牌就会接二连三地坍塌，而你会发现，最后倒下的骨牌，将会是我们人类自己。在加勒比海区域，人们曾经大肆捕杀鲨鱼，获取鲨鱼鱼鳍，使得鲨鱼种群数量快速下降，导致这些水域的石斑鱼数量大幅增加，但是，石斑鱼食欲旺盛，繁殖也很快，它们消费了大量的海洋鱼类，最终让那些以藻类为食物的珊瑚礁鱼类大幅减少，导致藻类过度繁殖，覆盖在珊瑚礁上，让这里的珊瑚大面积死亡。当人类意识到这种平衡被破坏的后果却为时已晚。生态短期之内根本无法修复，因为鲨鱼生长缓慢，妊娠期长，并且不会大量繁殖幼鱼。让它们消失也许只是一瞬间，但是让它们重新恢复到以前的平衡，也许我们要付出很长的时间，更大的努力。

　　鼬鲨并不是神话和传说中可怕恶毒的杀人机器，它们是顶尖的海洋掠食者，但目标并不是人类。这个世界也许没有任何其他体验可以带给我和鲨鱼同游一样的感受，令人怦然心动，肾上腺素激增，无比的激动和感慨。我还记得，很多年前，我第一次接触鲨鱼时的不安，但这八年的时间，我和威森一样，因为对海洋和鲨鱼的热爱，不断进入海洋，靠近它们，我们希望用每一次真实的感知，真实的影像，去拉近人类和海洋生物的距离。让人们置身它们的世界里，聆听大海的呼吸。就如同很多人知道登山的危险，知道高空跳伞的风险，但还是会和那些去蹦极的人一样去尝试，那种腾空一跃带来的刺激，其实是有安全的前提和保障的。这不是单纯的疯狂，而是技术和胆量的结合，只有沉浸其中才能感受到心流的奔腾不息！写到这里，我忽然又有一种冲动，到水下去看鲨鱼朋友们！爱因斯坦说过："深入了解自然，你会更能理解一切事物。"我想，你们都可以试试。

扫一扫　　扫一扫　　扫一扫

鼬鲨　　向导威森喂食鼬鲨　　鲨鱼派对

镰状真鲨

第十四章

鲨鱼在
中国

从2017年1月开始至今，在记录中国水下世界的这几年，我从来没有停止过对鲨鱼的关注。但是，我潜行过中国的近岸、远海，却从未在中国水域与它们相遇。每一次，我和鲨鱼的遇见都不是我所期待的，大部分鲨鱼都在海洋馆中被圈养起来。2018年6月，在珠海万伶仃岛记录珊瑚礁期间，我去当地渔村走访，看到很多海产纪念品店依然在销售鱼翅。2020年，我在福建、浙江、海南的菜市场看到了当地人消费鲨鱼以及工厂加工制造鲨鱼制品的真实场景。我再次陷入沉思，鲨鱼在中国到底是什么样的现状？中国鱼翅的消费现状到底如何？中国近海还有鲨鱼吗？ 带着这些疑问我开始了学习和调研。

红海海域拍摄的路氏双髻鲨

1
中国鱼翅的消费渊源

中国利用鲨鱼的历史很悠久——可以追溯到公元前1600年的商朝，距今3000多年。最早的古籍《宋会要》记载了来自中国南部和东部沿海地区的官员将鲨鱼皮作为贡品送给皇帝。在明朝初期，人们发现鲨鱼鳍内含有胶状翅丝，就开始对鱼翅进行加工并烹食。从《金瓶梅》中的记录"都是珍馐美味，燕窝、鱼翅绝好下饭"，可以看出，当时在人们眼中，鱼翅和燕窝一样，属于高档食材，而且《金瓶梅》描述的鱼翅属于豪门饮食，一般人无从问津。到了清代，鱼翅作为新兴的海产珍品，发展速度明显加快，消费量和价格均开始明显攀升。清乾隆年间，鱼翅成为当时的达官贵人炫富的资本，烹饪过程通过复杂手法增添味道和仪式感，为鱼翅附属了"奢侈品"的身份。但在这个阶段，鱼翅仍然属于小众消费。鱼翅在中国的过度消费是从20世纪80年代开始的。在过去的40年里，祖国经济繁荣发展，消费水平也在逐步提高，正所谓物以稀为贵，鲨鱼数量的减少造成了鱼翅价格上涨，人们就更热衷追求这种奢华的消费模式，并享受鱼翅带来的身份和地位感，而商家就继续在鱼翅交易中捞取高额利润。

香港作为世界最大的鱼翅贸易中心，鱼翅贸易量占全球约50%，2017年共进口鱼翅约5000吨。研究显示，香港市面有高达76种鱼翅，1/3已被列入《世界自然保护联盟濒危物种红色名录》中的易危级别，但只有12种鱼翅的进出口受许可证制度规管。客观地说，不仅是中国，新加坡、马来西亚、泰国等华人较多的国家，包括受中国文化影响较深的日本和韩国，都是鱼翅消费大国。鱼翅的销售流向主要分为三大部分：餐饮酒楼采购75%以上，小批发商采购15%左右，市民散购10%左右。其中，小批发商采购的产品，最终也主要流入小型的餐饮酒楼。吃鱼翅最常发生的情景是在宴会上，以山珍海味招待请客，增添派头，也是中国的传统习俗。在广东，将海味作为大礼送给长辈也被视为传统，正所谓"发菜蚝豉"——"发财好事"，"海参"——"情比海深"……在浙江，路氏双髻鲨因为头部造型酷似中国传统的官帽，而被赋予了"升官发财"的寓意，成为宴请的菜肴，这些都是一些谬妄无稽的消费观念。

厦门海鲜市场售卖条纹斑竹鲨

厦门海鲜市场售卖宽尾斜齿鲨

2
鲨鱼消费
的误区

鱼翅消费除了因为炫富和身份象征之外，还存在一些误区，商家宣传的噱头就是鱼翅富含高蛋白，强身健体。实际上，鱼翅的主要成分是一种营养价值较差的不完全蛋白质——胶原蛋白。蛋白质是不能由人体直接吸收利用的，必须经由胃肠消化成氨基酸再被吸收。所以不管吃的是什么蛋白质，结局都是消化成了组成蛋白质的氨基酸。氨基酸包括20种，一些蛋白质含有全部20种氨基酸，叫作完全蛋白质，营养价值较高，从我们经常食用的鸡蛋、牛肉中就可摄取。而有些蛋白质只有部分氨基酸种类，叫作不完全蛋白质，营养价值较差，而鱼翅中的就是不完全蛋白质，食用后对人体不能发挥作用，营养价值不大。鱼翅所富含的蛋白质，完全不如我们早餐中一个普通的鸡蛋。另外，近年来又流传一个说法，鲨鱼不会得癌症是因为其软骨中含有特殊的"鲨鱼软骨素"，而我们吃下便不会得癌症，导致鲨鱼软骨制造的保健品被跟风推崇。其实，美国约翰斯·霍普金斯大学和乔治·华盛顿大学医学中心的科学家，早在2000年的时候就已经在文献中找到40多种鲨鱼及其近亲得癌症、肿瘤的报告，其中3例还是软骨瘤。即使鲨鱼软骨中含有能抑制肿瘤血管形成的物质，但我们口服的保健品并没有任何效果。

3
中国鲨鱼
捕猎

我曾经以为中国水域没有鲨鱼，但事实是，鲨鱼曾经非常繁盛，遍布南海。20世纪30年代，有文章描述香港渔业，一位渔业官员写道："它们（鲨鱼）在大澳、大屿山、南丫岛、舢台岛和东龙岛一带特别常见。"这些地点均位于香港水域内。

在闽东渔场渔业记载中也有写道:"在20世纪50年代到60年代,每年从3月到4月,在闽东渔场捕获300~400头姥鲨。"自20世纪70年代以来,这一数字逐步下降。我至今在中国没见过一头姥鲨。历史上,福建、广东和海南(1988年之前,海南还是广东省的一部分)都有鲨鱼渔业的存在。20世纪50年代至60年代,中国每年捕获的鲨鱼数量在9000~12 000吨。这使中国成为同期鲨鱼捕获量排名前十的国家。1958—1960年,福建省每年捕获大约4000吨鲨鱼。20世纪90年代的年登船量上升到5000吨。福建省和广东省是鲨鱼渔业最重要的两个省份,它们共同占据了90年代全国约80%的鲨鱼捕捞量。

但是,中国南方的鲨鱼渔业在20世纪70年代至90年代期间逐渐衰退。在过去四十年左右的时间里,市场上销售的鲨鱼急剧减少。香港的鲨鱼捕鱼业在60年代至70年代达到顶峰,但在80年代初彻底崩溃。1969年记录到的最高年度鲨鱼捕获量为2383吨,其后逐年下降,自此鲨鱼捕获量一直未见回升。令鲨鱼渔业崩溃的原因,并不是人们痛改前非,而是中国海域已再没足够的鲨鱼可捕。通过对当地港口和市场上销售的鲨鱼渔获量的检查,证实了过度捕捞的事实,市场上2/3的鲨鱼渔获物都是未成熟的小鱼种,而大部分大型鱼种也都是未成熟的。这等同给鲨鱼这个种群带来灭顶之灾,再也不会有新生的幼鲨。另一个过度捕捞的迹象出现在1940年至1980年期间,渔民迁移到离海岸越来越远的渔场。1940年,主要捕鱼区包括近海水域和沿海大陆架区域,1960年,捕捞鲨鱼的船队到达了更深的海域,航行得更远,比如东沙群岛;在20世纪80年代,到达西沙群岛,南至南沙群岛。随着时间的推移,为了捕捉到同样数量的鲨

浙江蒲岐海鲜市场售卖的路氏双髻鲨

鱼，渔民需要扩大捕鱼范围。

1990年之后，为了保护和养护渔业资源，中国政府采取了一系列措施来限制其领海内的捕鱼活动。最重要的操作包括：

1. 通过重新发放捕鱼许可证，限制1996年以来渔船和船只数量的增长。
2. 建立保护区。
3. 控制渔网尺寸。
4. 自1995年以来，每年在领海内实施捕鱼禁令。
5. 1999年将领海内捕鱼生产的增长率定为零。

这些政策有效地保护了海洋渔业资源的健康发展。

4
中国鲨鱼消费的改观

为了增强鲨鱼的保护意识，世界自然基金会推出了一系列的鲨鱼保育措施：

2007年，推出首张鼓励企业参加"向鱼翅说不企业承诺"计划，承诺公司将不会食用、推广及买卖鱼翅。

2010年，推出"无翅宴会菜单选择"计划，2012年发起"向鱼翅说不个人承诺"。

2015年，积极推动全球船公司承诺停运鱼翅，协助船公司实施禁运鱼翅政策。

2017年，发表《禁运鱼翅政策实施指引》。

这些措施对鲨鱼的保护有一定成效。数据显示，香港鱼翅进口数量于10年间大幅下降超过五成，从2007年的10 210吨跌至2017年的4979吨。自2013年起，香港鱼翅进口量一直居高于5400~5700吨，直至2017年首次少于5000吨，相对2016年下跌13%。

2018年，美国野生救援协会（Wild Aid）发布了《中国鱼翅消费趋势最新报告》，报告显示，过去两年间，中国鱼翅销量和价格双双大幅下跌。

> 从2011年年底到2013年年底，中国鱼翅贸易中心广州的鱼翅销量**下降了82%**，鱼翅价格也随之下跌——**零售价下跌47%，批发价下跌57%**，"鱼翅之都"香港的鱼翅进口量**下降了近一半（48%）**。

佩氏真鲨

　　在经销商眼中，鱼翅已经成为"垂死的生意"。2015年之前，中国还是鱼翅消费大国，据联合国粮食及农业组织和一些环保组织公布的数据显示，亚洲是鱼翅的最大市场，每年有50%~80%的鱼翅经香港中转，大部分进入中国内地，少部分进入中国台湾、马来西亚、印度尼西亚和泰国。而进入中国的鱼翅，大部分又被端上了公务宴请和商务宴请的餐桌。这一情况的改变始于2012年，6月初，全国鲨鱼制品的集散中心蒲岐镇所在的浙江省乐清市出台公务接待新规定：鱼翅、鲍鱼不上席。同月，国务院机关事务管理局表示，将发文规定公务接待不得食用鱼翅。2012年年底，中央出台了"八项规定""六项禁令"，要求"厉行勤俭节约""严禁超标准接待"。2013年年初，习近平总书记在新华社一份材料上批示，要求"厉行节约、反对浪费"。与此同时，全国范围内的"光盘行动"和反腐战役也在如火如荼地进行。反腐倡廉的实施使得高端餐饮业遭遇"寒冬"，2013年年底，通过对北京、上海、深圳高档饭店的鱼翅售卖情况进行调查，发现43%的被访机构知道上述规定，禁止官方宴请吃鱼翅，很多官员也不敢再点鱼翅了。除公务宴请外，吃鱼翅的民众也大幅减少。2013年，野生救援协会发布的拒食鱼翅公益宣传片在中国19个电视频道播出了3031次，"没有买卖，就没有杀害"的口号传播甚广。一项调查显示，有82%的公众称他们会减少或不再食用鱼翅。同时，商业机构也开始对鱼翅说"不"，截至2014年7月，有24家航空公司和3家海运公司宣布了禁运鱼翅的相关政策，5家全球连锁酒店也宣布了禁售鱼翅的政策。鱼翅消费兴旺多年，终于在节俭的新饮食习惯下慢慢淡去。

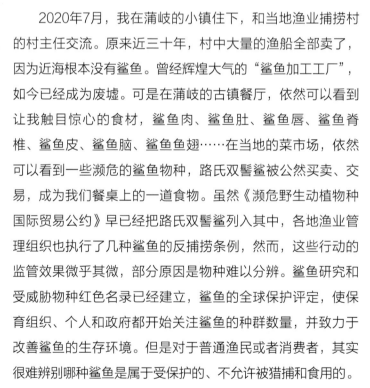

5

鲨鱼的未来

2020年7月，我在蒲岐的小镇住下，和当地渔业捕捞村的村主任交流。原来近三十年，村中大量的渔船全部卖了，因为近海根本没有鲨鱼。曾经辉煌大气的"鲨鱼加工工厂"，如今已经成为废墟。可是在蒲岐的古镇餐厅，依然可以看到让我触目惊心的食材，鲨鱼肉、鲨鱼肚、鲨鱼唇、鲨鱼脊椎、鲨鱼皮、鲨鱼脑、鲨鱼鱼翅……在当地的菜市场，依然可以看到一些濒危的鲨鱼物种，路氏双髻鲨被公然买卖、交易，成为我们餐桌上的一道食物。虽然《濒危野生动植物种国际贸易公约》早已经把路氏双髻鲨列入其中，各地渔业管理组织也执行了几种鲨鱼的反捕捞条例，然而，这些行动的监管效果微乎其微，部分原因是物种难以分辨。鲨鱼研究和受威胁物种红色名录已经建立，鲨鱼的全球保护评定，使保育组织、个人和政府都开始关注鲨鱼的种群数量，并致力于改善鲨鱼的生存环境。但是对于普通渔民或者消费者，其实很难辨别哪种鲨鱼是属于受保护的、不允许被猎捕和食用的。

作为一名纪录片工作者，我始终坚持不偏不倚地记录事实。虽然我对鲨鱼有着近乎偏执的狂热，但我依然会理智地看待鲨鱼和人类的关系。并非所有的鲨鱼都是濒危和被保护的，但过度的捕捞和品类的鉴定困难，确实牵连了很多保护物种。这个复杂而庞大的海洋，对那些在背后的管理者而言遥不可及，也让鲨鱼的保护显得力不从心。除了政府立法，更重要的是让人们认识消费鱼翅汤的后果，以及猎捕鲨鱼对海洋生态带来的危害。非营利组织野生救援协会与中国篮球协会著名球员姚明一起呼吁停止食用鱼翅汤。世界自然基金会（香港）出版了一份海鲜指南，并将所有鲨鱼产品列入禁止食用的类别。香港的年轻人正在减少在他们的婚礼上提供鱼翅汤，越来越多的非政府组织关注这个问题的教育。我相信，人类作为这个星球最聪明、最强大的物种，取代了森林之王、海洋巨兽，成为食物链的最顶层，当我们克制和周全地管理我们的菜单，重建海洋和生物的多样性，我们的后代便可以享受物种多样性带来的好处。

写到这里，我和鲨鱼的故事画上了一个休止符。八年的时间，我从闻鲨色变到和鲨鱼成为朋友，选择与海洋相伴。鲨鱼是我和海洋之间的纽带，它奇妙地改变了我对生物、对自然的认知，也毫无征兆地改写了我的生活方式和人生轨迹。而我，只想用自己所收获的力量和知识，去为它们做点什么。这个它们，是鲨鱼，但又不仅仅是鲨鱼。

扫一扫	扫一扫	扫一扫
探访鲨鱼现状	鲨鱼食材	鲨鱼守护者